基于"城市双修"理念的城市设计手法与规划策略研究

张忠国　余独清　吴瀚文　编著

中国建筑工业出版社

图书在版编目（CIP）数据

基于"城市双修"理念的城市设计手法与规划策略
研究／张忠国，余独清，吴瀚文编著．—北京：中国建
筑工业出版社，2021.10
ISBN 978-7-112-26517-6

Ⅰ．①基… Ⅱ．①张… ②余… ③吴… Ⅲ．①城市规
划—建筑设计 Ⅳ．① TU984

中国版本图书馆CIP数据核字（2021）第177017号

责任编辑：焦　扬　徐　冉
版式设计：锋尚设计
责任校对：李美娜

基于"城市双修"理念的城市设计手法与规划策略研究

张忠国　余独清　吴瀚文　编著

*

中国建筑工业出版社出版、发行（北京海淀三里河路9号）

各地新华书店、建筑书店经销

北京锋尚制版有限公司制版

北京建筑工业印刷厂印刷

*

开本：787毫米×1092毫米　1/16　印张：14¼　字数：246千字

2021年12月第一版　　2021年12月第一次印刷

定价：**68.00**元

ISBN 978-7-112-26517-6

（37984）

前　言

　　在快速城市化进程中，城市的经济、建设水平与人口规模有了飞速的发展，一系列"城市病"也接踵而至。城市的无序蔓延与扩张导致了城市生态环境的破坏、传统风貌的缺失以及城市历史文化的衰落，城市的文化空间与绿色空间遭到了不同程度的影响与破坏。历史街区作为城市文化空间的重要载体，是活态的文化遗产，有其特有的社区文化，而生态绿心作为城市绿色空间的重要组成部分，有着维持城市生态健康、塑造城市特色风貌、提供城市绿色开放共享空间的作用。随着"城市病"的日益严重，历史街区存在风貌和肌理与城市有较大隔阂、功能业态较为落后、建筑的保护和利用不足、景观空间较少、交通拥堵、步行环境较差等问题，而生态绿心也受到了负面影响，比如生态环境恶化、特色风貌缺失、土地资源被侵占严重等情况。历史街区与生态绿心的城市设计与规划越发得到重视，迫切需要符合当下时代背景的规划与设计新思路作为理论指导。

　　"城市双修"理念的提出，是为了平衡城市建设与生态建设的关系，构建生态与城市的和谐共生，促进城市的修补与生态的修复，是城市内涵式发展与治理的新思路。将"城市双修"理念运用于历史街区城市设计与生态绿心规划中，可以有效解决其面临的问题，恢复其生态功能与文化功能，同时有利于城市文化空间与绿色开放空间的有序生长，传承独特的历史文脉，促进城市地区与乡村地区的和谐共生。

　　本书首先对研究对象及相关概念进行界定，解释研究的目的和意义，提出研究思路和方法，并对国内外相关研究进行综述，构建本书的研究框架。通过对相关理论研究动态进行归纳与总结，梳理了国内外历史街区保护性城市设计与生态绿心规划的实践案例，总结其经验与教训，提炼出其在理论与实践中的共性问题，同时分析了"城市双修"理念对于历史街区城市设计与生态绿心规划的指导意义。其次，在空间肌理、尺度、界面、场所感、建筑的立面和结构、空间的物质形态、景观绿化细节等方面研究了如何在"城市双修"理念下进行历史街区的城市设计，保护传统空间特色，维护街区整体风貌；在生态环境、物质环境、人文历史、文脉产业、治理体系等方面研究了如何在"城市双修"理念下进行生态绿心规划，保护空间格局风貌，传承历史文脉。然后，在历史街区城市设计方面，通过对武汉市中山大道的实际案例进行解读，对历史街区从宏观到微观、从空间到建筑及景观，以及保护传统空间特色、塑造历史街区风貌整体性、完善历史街区的人居环境等方面提出具体实施手段，具体而详细地探讨历史街区如何在"城市双修"理念指导下进行城市设计，最后找出普适性的手法，提出在项目开始前需要进行全面的基础调研，用全局和动态的眼光来进行设计，对建筑、景观、空间、交通等进行有针对性的修补，引导街区功能提升，让街区长远持续地发展等观点，为其他的历史街区城市设计提供借鉴。在生态绿心规划方面，通过对莆田生态绿心的实际案例进行解读，对其特征与发展机遇进行分析与研究，在田野调查的基础上分析总结出生态绿心规划的现状问题，通过分析影响生态绿心规划的价值要素，从生态、建筑、历史、文化、管理等方面，具体而详细地探讨生态绿心如何在"城市双修"理念指导下进行城市规划，最后找出普适性的策略，提出以问题为导向的生态绿心规划在生态环境、建成环境、地区活力、社会文脉、管理保障机制等方面的策略，以期为其他生态绿心规划提供参考与借鉴。

该成果获得住建部科技计划项目（2016-K-022）和北京未来城市设计高精尖创新中心项目（udc2018010921）的共同资助，在此一并表示衷心感谢！

作 者

2021年4月23日

目　录

第1章
绪　论

第 2 章

相关理论研究与案例借鉴

第3章

以"城市双修"为指引的历史街区城市设计手法研究

第4章

以"城市双修"为指引的生态绿心规划策略研究

第5章

基于"城市双修"理念的武汉市中山大道历史街区城市设计手法探索

第6章
基于"城市双修"理念的莆田生态绿心规划策略探索

第7章
结论与展望

第 1 章

绪　论

1.1
研究背景

1.1.1 "城市病"日益严重

改革开放40年以来，我国的城市建设成果显著。但是，一系列"城市病"也接踵而来。在城市建设的初期，追求经济利益的最大化，牺牲了城市的生态环境，工业发展对城市水体、空气、资源等方面都产生了很大的破坏。城市的生态系统在长期的污染与过度的消耗中变得脆弱不堪，城市环境容量下降，自我净化能力减弱。与此同时，城市在建设的过程中，一味地追求快速、国际化，导致建筑质量下降、城市风貌缺失、历史文化凋敝、地域特色丧失。不合理的规划和建设也造成了城市拥堵、公共空间不足、各项设施缺位、城市管理不当。

1.1.2 城市生态环境不断恶化

城市的无序蔓延与扩张导致了城市生态环境的破坏、传统风貌的缺失，以及城市历史文化的衰落。工业化的发展与污染物的随意排放导致了生态空间不断缩小、环境容量逐渐降低。

2013年中央城镇化工作会议提出"让居民望得见山、看得见水、记得住乡愁"的工作要求，2015年中央城市工作会议提出要协调好"生产、生活、生态"空间的布局，改善城市的人居环境，生态环境问题得到了广泛的重视。

生态绿心作为城市空间结构的重要组成部分，有着维持城市生态健康、塑造城市特色风貌、提供城市绿色开放共享空间的作用，随着"城市病"的日益严重，生态绿心也受到了影响，生态环境恶化、特色风貌缺失、土地资源被严重侵占。生态绿心的保护与规划越发得到重视，迫切需要符合当下时代背景的规划新思路作为理论指导。

1.1.3 旧城更新面临新的挑战

城市化的高速发展导致我国城市中的建设力度越来越大，历史城区与历史街区作为城市重要的一部分，自然也受到了很大的影响，城市化的发展正不断改变着旧城原有的历史文化风貌。

旧城应该怎样改造成了不少城市所面临的棘手问题。如果全部推倒重来，则需要巨额的花费。而如果采取保留旧城的方式，那么中心城区的商业与商务设施等又跟不上民众的需求。此外，旧城大多数区域还是一座城市历史文化的遗产与记忆，几百上千年的历史底蕴都蕴藏在这片看似不起眼的区域里。那么，怎样才能处理好旧城区，选择放弃还是保留，还是在遵循旧城原有历史轨迹的基础上综合开发。这些问题急需在旧城改造中加以妥善解决。

如何在保护旧城的同时对历史文化街区进行城市设计一直是个备受关注的内容。我国对其也有过多年的理论和实践的探索。2004年中国建筑工业出版社出版的《城市规划资料集》第五册中提到："旧城保护的城市设计应体现整体保护和积极保护的原则。"因此，在探索发展的过程中要实现"以人为本""和谐完美""可持续发展"，将保护、继承与发展相结合，这都离不开城市设计的参与。在实践中，渐渐发现现在的理论存在较大的漏洞与不足，导致我国目前历史街区的城市设计中普遍存在一定的问题。

1.1.4 "城市双修"促使城市发展转型

"城市双修"是为解决以往城市建设粗放式发展模式所造成的问题、探索存量规划背景下城市内涵式发展的新模式所提出的理念。"城市双修"分为城市修补与生态修复两个方面。"城市修补"不是简单地填补空间，而是对基础设施、城市社会文脉等采用循序渐进的方式进行修补与完善。通过全面系统地修复、弥补城市功能，改善城市环境，提升城市生活品质，满足居民的需求。"生态修复"的主要目标是创造适宜的人居环境，通过减少城市开发活动，减少对生态系统造成的破坏，逐步恢复城市生态系统的自我调节功能，使其能够抵御外来侵扰，即使外部生态环境产生了极大的变化，城市生态系统依然能够在动态变化中不断地自我调整，逐步建立新的平衡，并最终使城市生态系统恢复如初。

"城市双修"理念对城市物质环境和城市非物质环境同时进行修补与修复，对现有城市存在的问题，有针对性地从空间、经济、社会、设施、生态等多方面进行提升，将城市更新向内涵式规划治理方向转变，完成城市转型发展的目的。

1.2
研究对象与概念界定

　　本书以历史街区的城市设计手法与生态地区规划策略为研究对象，通过对国内外理论综述进行整理，对国内外的案例和实践进行研究，分析得出目前我国城市设计方法与规划存在的不足和问题，而城市双修理念则可以对这些问题进行补充和完善。

　　本书通过两个实际案例进行实证研究。第一个案例是武汉市的中山大道。中山大道历史街区位于武汉市汉口核心区，是国家公布的第一批国家历史文化街区之一，全长4.7km（图1-1），通过分析对其风貌肌理、功能业态、街道空间、道路交通、景观环境、建筑改造、街道设施等在城市修补理念下进行的城市设计，

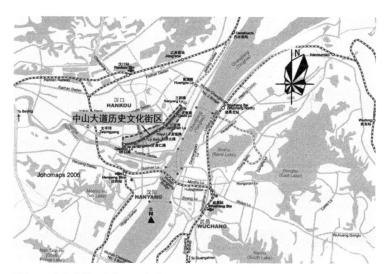

图1-1　中山大道历史街区研究范围
资料来源：武汉市规划研究院. 中山大道综合整治规划［Z］. 2016.

得出在城市修补理念的指引下进行城市设计的普适性方法。第二个案例是莆田市中心城区的生态绿心。莆田生态绿心位于莆田市主城区中部，涵江、城厢、荔城三大城市功能组团之间，总面积66.3km²，以问题为导向，提出生态绿心在生态环境、建成环境、地区活力、社会文脉、管理保障机制等方面的规划策略，以期为其他生态绿心规划提供参考。

1.2.1 城市双修

"城市双修"的全称是"生态修复、城市修补"，近年来有关城市规划管理工作与生态文明建设的会议（表1-1）都在强调"城市双修"的重要性，并不断深化"城市双修"的内涵。

近年来有关"城市双修"的会议及文件汇总表   表1-1

时间	来源	内容
2015 年 4 月	住房和城乡建设部	提出了"城市修补，生态修复"的概念，确定三亚市为全国首个"城市修补，生态修复"试点城市
2015 年 4 月	《中共中央 国务院关于加快推进生态文明建设的意见》	加快推进生态文明建设是加快转变经济发展方式，牢固树立尊重自然、顺应自然、保护自然的理念
2015 年 12 月	中央城市工作会议	强调了统筹规划、建设、管理三大环节
2015 年 12 月	《中共中央 国务院关于深入推进城市执法体制改革改进城市管理工作的指导意见》	加强和改善城市管理的需求日益迫切，城市管理工作的地位和作用日益突出
2016年2月	《中共中央 国务院关于进一步加强城市规划建设管理工作的若干意见》	提出制定并实施生态修复的工作方案，优化城市绿地布局，推行生态绿化方式，鼓励发展屋顶绿化、立体绿化
2016年12月	《住房城乡建设部关于加强生态修复城市修补工作的指导意见》	进一步阐释"双修理念"，用再生态的理念，修复城市中被破坏的自然环境和地形地貌

资料来源：作者根据会议文件整理。

通过对文件的梳理，可以总结出"城市双修"的概念。"生态修复"是指通过生物工程的手段对城市的生态系统进行修复，以恢复其改善城市气候、调节雨洪、净化空气、维持生境稳定的功能，实现城市生态系统的有机循环；"城市修补"是指用更新织补的手段，完善城市设施，改善人居环境，并修补有问题的物质空间与景观风貌，塑造城市的特色，延续城市的文脉。

1.2.2　城市设计

总的来说，城市设计在我国是介于城市规划与落地实施之间的一种设计方法。对于城市设计的具体概念，国内外学者有不同的论述。城市设计包含的领域与涵盖的范围都比较大，因此许多研究与定义都涉及了城市不同的层次。简单来说，一般从技术和社会政治管理两个层面来表达：城市设计是城市抽象的规划介入物质空间实施层面的过程，既包括城市发展、功能业态、风貌肌理等宏观层面，也包括建筑改造、景观空间、城市家具等细节的设计。城市设计需要整体的思维，要考虑空间中物质之间的关系，不能只考虑单个的物质因素。

我国学者对于城市设计也作出了许多解释。1983年吴良镛在《历史文化名城的规划结构——旧城更新与城市设计》一文中提到城市设计与详细规划的不同之处在于城市设计的范围更大，目的是在城市中建立良好的形体秩序，它与城市的经济社会、生态环境、实施决策、城市风貌等息息相关；1998年赵士修在《城市特色与城市设计》一书中提到，城市设计贯穿于城市规划的各个阶段，主要对城市中的形体空间和环境进行处理；邹德慈于2016年在城市规划论坛上提出，每座城市都有不同的性格、品格和风格，每座城市的地区文化都非常丰富，必须针对每座城市的具体特点来进行城市设计，他还认为城市规划是二维的、宏观的战略性的部署，而城市设计是三维的、微观的指导性的实施；齐康认为城市设计是建筑与规划相结合的思维方法，是将抽象的图纸层面的空间环境、空间秩序、形体序列的综合设计落到具体实施层面的方式。

尽管各学者对城市设计的具体定义都略有不同，但是他们对城市设计的本质的看法是一致的。他们认为城市设计的本质是对空间的设计，不仅包括物质形态的空间，也包括人际交往的空间、文化的空间、历史的空间。在有区域规划或者总体规划等宏观规划的城市中，城市设计可以充当城市规划与具体实施之间的中介，将宏观抽象的战略目标落实到微观具体的物质环境中，而某些城市的总规没有涉及建筑或者空间层面的，城市设计以导则或者规划的形式可以直接参与到物质空间环境甚至城市风貌、空间结构、交通组织的设计中来。

1.2.3　历史街区

"历史街区"这一概念最早于1933年在《雅典宪章》中被提出："历史街区是由历史建筑、历史环境、历史风貌区和文化遗址所组成的区域。"1964年《威尼斯宪章》中提到，历史街区的保护范围应该扩大到保护能代表当地文明、特色，能代表当地发展历程，见证发展历史的城市环境，而不应该局限于保护单个建筑或是文物单位。1976年的《内罗毕建议》提出，历史街区周边的风貌景观也应该与街区协调保护。1987年《华盛顿宪章》对历史街区提出了一个总结性的概念：历史街区是在城市中能见证和体现城镇传统文化价值和发展历史的一个区段，它既可能存在于城市的商业区、居住区、工业区，也可以包括城市中的人工环境和城市肌理。

历史街区这一概念在我国初次被提出是在1985年建设部组织的全国历史文化名城会议中，当时是叫"历史性传统街区"，正式提出"历史街区"这一概念，则是于次年国务院公布第二批国家历史文化名城时。

2007年颁布的《中华人民共和国文物保护法》（第十四条）中规定："保存文物特别丰富并且具有重大历史价值或者革命意义的城镇、街道、村庄，由省、自治区、直辖市人民政府核定公布为历史文化街区、村镇，并报国务院备案。"正式将历史街区的保护提升到法律层面，并且将历史街区纳入不可移动文物的范畴，将历史街区的保护状况与数量纳入对历史文化名城的考核与评价标准中。例如国家历史文化名城协会规定，必须在历史城区中有两条及以上的完整历史街区才能有申报国家历史文化名城的资格，否则不能申报。对历史街区的考察不仅要看其中文物古迹的状况，还要看整体风貌、格局肌理是否完整，以及是否具有一定规模，建筑、构件等是否反映当地的人文、民族的特色，空间环境、居民生活等是否还有对某一历史时期的延续。截至2017年底，中国大陆的31个省级行政区划单位中，确定和已公布的总共有626条历史文化街区（图1-2）。

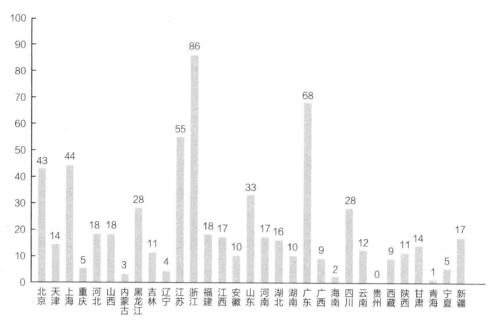

图1-2 各省历史文化街区数量分布图（截至2017年12月）

1）历史建筑

　　历史建筑是指在历史城区中具有一定历史价值、艺术价值、考古价值的建筑。它是历史城区中历史文化和人文特色的重要传达者，是当地风土人情、经济发展、气候环境、民族民俗民风等的重要体现，也是当地人居环境和城市景观的重要组成部分。一般来说，历史建筑的历史价值不如文物保护单位高，因此历史建筑的改造相对文保单位可以适当放宽。但是一般历史街区中历史建筑的数量比文保单位要多，因此，历史建筑的规模布局、建筑形式等对历史街区和历史城区的整体风貌有主导作用。

　　在我国，对历史建筑坚持最大程度保护外貌、改造内部的原则，运用"维修"和"整治"等手段，对建筑的外立面状况、内部设施、空间格局等进行修缮，功能也可以根据现代的需求适当置换，但是建筑的整体特征不能变动。对历史建筑的保护和利用是我国历史文化名城保护工作的重要内容，因此需要以积极的态度，根据其现状、功能、价值实施多样有效的、有针对性的保护。

2）历史环境保护

历史环境保护指保护好历史城区和历史街区的整体历史环境和风貌特征。其中一个重要内容是对保护对象的扩展，从单体、局部、分散的文物保护扩展为对整个街区的历史环境、景观、肌理、文化、习俗等对象的保护和延续。另外，历史环境保护的意义还反映在对城市的文化精神的理解和对城市社会人文环境、城市历史、民俗文化等的承载上，在进行历史环境保护的时候需要树立全局观和整体价值观。

1.2.4 生态绿心

"绿心"（Green Heart）是英国学者彼得·霍尔（Peter Hall）提出的一个区域城市空间概念。生态绿心是指城市群或者城市片区之间具有一定规模的复合生态区域。生态绿心主要有两个功能：一是生态功能，生态绿心规模较大，有完整的生态系统，可以对城市气候起到积极的影响作用，同时可以有效阻止城市建成区的无序扩张；二是城市功能，生态绿心与城市联系紧密，为城市提供了休闲、文旅等功能。生态绿心内部构成多元，是集城市、乡村与生态为一体的复合区域，有着复杂的利益交织与发展诉求。

1.3
研究目的、意义及方法

1.3.1 研究目的

在快速的城市化进程中，城市的无序蔓延与扩张导致了城市生态环境的破坏、传统风貌的缺失以及城市历史文化的衰落。随着"城市病"的日益严重，历史街区出现了风貌和肌理与城市有较大隔阂、功能业态较为落后、建筑的保护和利用不足、景观空间较少、交通拥堵、步行环境较差等问题；生态绿心作为城市空间结构的重要组成部分，也受到了影响，生态环境恶化，特色风貌缺失，土地资源侵占严重。历史街区城市设计与生态绿心的规划越发得到重视，迫切需要符合当下时代背景的规划新思路作为理论指导。"城市双修"理念为城市的内涵式发展与治理提供了新思路，将"城市双修"理念运用于历史街区城市设计与生态绿心的规划中，可以有效解决历史街区与生态绿心面临的问题，恢复其生态功能与文化功能，因此，本书的研究目的如下：

（1）梳理现有的历史街区城市设计和生态绿心保护规划与实践方法，总结其先进经验与不足，提炼现阶段历史街区城市设计与生态绿心规划实践的可取之处，为历史街区城市设计与生态绿心规划提供思路与指引。

（2）拓展"城市双修"理念在历史街区城市设计与生态绿心规划中的应用，并以武汉市中山大道历史街区与莆田生态绿心作为案例研究对象，分析武汉市中山大道历史街区与莆田生态绿心的空间格局特征、主要价值要素以及现状问题，运用"城市双修"理念，从整体风貌肌理、建筑改造、交通组织、景观空间等方面探索历史街区的城市设计手法，从生态环境、历史格局、建成环境、地区活力、社会文脉以及实施保障机制建立等几个方面提出生态地区规划策略，为其他历史街区城市设计与生态绿心规划提供参考与借鉴。

1.3.2 研究意义

1）理论意义

深化与拓展"城市双修"理念的内涵，丰富历史街区城市设计与生态绿心规划的理论指导。随着城市的快速发展，"城市病"日益严重，城市的文化空间与绿色空间遭到了不同程度的影响与破坏，其保护与规划迫切需要符合当下时代背景的新思路作为理论指导。目前我国对"城市双修"理念的研究与实践还处在起步阶段，因此本书可以通过实践探究"城市双修"在历史街区城市设计与生态绿心规划中的应用，补充"城市双修"理念的相关理论。

2）实践意义

为历史街区城市设计与生态绿心规划提供基于"城市双修"理念的指导，探索"城市双修"理念的适用性。在城市化的进程中，经济发展迅速，但同时也破坏了城市的历史文化与生态环境。历史街区作为城市文化空间的重要载体，是活态的文化遗产，有其特有的社区文化，而传统风貌在逐渐缺失，城市历史文化在逐渐衰落；生态绿心作为城市生态环境的核心，受到了工业化带来的冲击，城市水体受到污染，山体格局遭到破坏，生态环境恶化严重，其自身的净化能力也在不断下降，原住民的生活品质也受到了影响。"城市双修"理念作为新常态下修补城市和修复生态的重要手段，目前运用于历史街区城市设计与生态绿心规划的实践相对较少，本书旨在总结和借鉴国内外历史街区城市设计与生态绿心规划的实践经验，分析历史街区城市设计与生态绿心规划的现状问题，并运用"城市双修"理念，提出相应的城市设计手法与规划策略，以此为我国相似地区提供现实参考。

1.3.3　研究方法

本书采用"提出问题—分析问题—解决问题—总结反思"的研究思路，对相关理论与研究进行综述，对经典案例进行剖析，对研究对象的特征与问题进行分析，总结出具有共性的规律，并运用"城市双修"理念提出相应的策略。在研究思路的指引下，将分别采用文献研究、案例分析、调查分析、项目实践等研究方法。

1）文献研究法

查阅国内外相关文献，掌握"城市双修"理念的最新发展动态，归纳总结"城市双修"理念在历史街区城市设计与生态绿心规划方面的运用，结合国外先进的经验与研究成果，为本书的研究提供理论支撑。

2）案例分析法

选取国内外的历史街区城市设计与生态绿心规划案例，从资源禀赋、功能定位、交通状况、保护与利用以及存在的问题等方面进行比较研究，总结可借鉴的经验，提炼出共性问题。

3）调查分析法

对研究对象进行实地踏勘、问卷调查与走访，深入考察研究对象的社会、人文以及生态情况，分析其存在的问题，并与案例分析中提炼出的共性问题进行比较，得出现实中的问题表征。通过对其他优秀案例的实地调查，也可总结出其成功经验与不足，为本书的研究提供实践经验。

4）项目实践法

通过研究得出"城市双修"理念在历史街区城市设计与生态绿心规划中的可行性与侧重点，参与武汉市中山大道历史街区城市设计与莆田生态绿心规划，在实践中提高和完善研究内容。

1.4
国内外相关研究综述

1.4.1 "城市双修"相关研究综述

1) 国外研究现状

"生态修复"在西方国家被称为"生态恢复","城市修补"在西方国家则有着类似内涵的"小尺度""渐进式"规划。早在20世纪中期,美国就出现了以草原为研究对象的生态恢复案例,后续的研究在总结其生态恢复经验的基础上,开启了生态恢复的规划浪潮。

Jared Diamond(1987)在研究中指出,通过塑造一个新的自我循环的生态聚落,可以有效地恢复被破坏的生态系统区域。

Jordan J. Paust(1995)认为,生态修复的目标是将被破坏的生态系统恢复到其自然的状态,避免其他因素介入。

Philip A. Egan(1996)在研究中指出,在生态恢复的过程中,要保留其文化属性与历史要素,协调恢复与保留的关系。此后,国际生态学大会将"生态恢复"作为重点讨论议题,一方面注重生态系统的评估监测,提倡科学地恢复生态系统内的山川河流及湿地,另一方面注重预防外来物种对生态系统的破坏。

与"城市修补"相类似的"小尺度""渐进式"规划改造源于简·雅各布斯的经典著作《美国大城市的死与生》。简·雅各布斯在书中提到,城市的建设与更新不能停留在粗放的大拆大建模式下,要根据城市的多样性与复杂性,小规模地对城市进行针对性改造,突出人的感受。1978年,美国建筑师柯林·罗在《拼贴城市》中指出，城市有着其特殊的肌理，每一个城市区域都是动态发展的，而理想化的统一规划是对城市连续性的破坏。在城市建设与更新中，不能搞大拆大建，需要运用"拼贴"的思路与手法，使城市的新旧区域融合共生，渐进式地进行有机拼贴，形成多元共生的城市形态。

Aidan While（2007）介绍，英国延长了对历史建筑保护的时间段，并由此引发了一系列的争议。通过对此事件的思考，文章提出了对历史建筑的保护措施，认为小尺度的更新是非常有必要的，在对历史建筑的保护过程中，需要考虑多方利益的平衡。

Matthew B. Anderson（2013）以两个非洲裔美国人社区为研究对象，通过问卷调查，总结了现状问题，提出了基于社会学视角的城市更新理念，将种族问题与街区的发展融合在了一起，为城市规划与更新提供了新的视角。

Meg Holden（2015）以温哥华海滨地区的建设与修补为例，将实用主义思想应用于其中，提出了社会学角度的规划策略，将务实的渐进式规划作为城市修补与生态修复的基础，以达到人工与自然的有机结合，营造富有变化的新式居住空间。

2）国内研究现状

目前，国内外关于生态修复的研究比较丰富，但大多数研究都是在讨论单一地点，如矿山、废弃地等，或单一生态系统，如水体、山体等，对城市在生态系统中所起的作用较少关注。

我国在生态修复方面的研究较早，实践较为丰富，但此类研究多是探讨技术手段，实施对象也仅限于一些工矿区与废弃地，其生态环境简单，构成要素以水体、山体等单一对象为主，对生态系统等复杂对象的生态修复研究较少。

李果（2007）对不同尺度的空间规划进行生态修复研究，从问题入手，总结其生态系统面临的问题，通过制定不同尺度下的区域生态修复路径，对区域中的物质与非物质要素进行有机整合，在空间规划理论的指导下，提出了生态修复的策略。

田燕等（2008）以被破坏的工业地带作为研究对象，探讨了巴黎左岸地区规划与武汉龟北区规划的生态修复经验，通过场地处理与构筑物修复的策略，推进生态修复的有序进行。

饶戎（2011）分析了生态修复中对规划主体的基本条件认知的重要性，并以城市

中的垃圾填埋地为研究对象，对其被破坏的生态环境进行修复，通过资源再利用等
修复技术，将城市生态系统恢复到原先的水平。

最近几年，国内对"城市修补"理念的关注度明显上升，城市修补成为指导城市
更新的新理念，但多年前国内就已经开始研究修补理念与城市规划的结合了。这其
中，以修补理念为指引的城市设计手法，成了探讨的主要内容。

蔡新冬（2006）以城市内教堂建筑与周边环境的不协调为切入点，分析了博物馆
周边城市设计的对策，针对博物馆周边城市风貌的不协调问题，提出了城市修补理
念下的城市设计方法与原则，通过营造公共空间，对交通方式进行重新梳理，结合
城市历史与文化，设计博物馆区的风貌与活动空间。

萧百兴（2011）以中国台湾的小镇为例，对其空间规划的历程进行了梳理，对其
历史文化的变迁带给规划的影响进行了总结，认为小镇的发展与规划是日积月累的
渐进式更新，小镇在没有经历大规模建设与更新的情况下，小范围地进行着针灸式
的更新与修复，这种特殊而精准的更新模式，针对性极强，能够以最小的代价解决
城市更新中的问题，这种城市修补的模式为我国城市更新提供了经验与借鉴。

李戎等（2013）通过探讨景观在城市更新中的缝合作用，总结出了一种新的城市
修补模式。文章选取汉口老城区为研究对象，运用景观的塑造与缝合，对城市中被
破坏的建筑与环境进行有机的织补，通过拓展景观的含义，将营造景观作为缝合城
市、修补历史的手段。

毛利伟（2014）在文章中指出，修补型规划是城市更新的发展方向，以往的大
拆大建方式需要摒弃。城市更新需要对历史文脉进行发掘，保护其文化的本真与可持
续。今后的城市规划是对城市问题的修正与微调，需要以较小的代价完成修补与更新。

1.4.2 "历史街区城市设计"相关研究综述

1）国外研究现状

西方国家对历史街区的城市设计手法的研究比我国起步早，但是也经历了一段
曲折的过程。总的来说，可以分为三次保护思潮。

第一次保护思潮开始于20世纪中叶，受到工业革命的推动，欧洲开始了大规模
的城市建设，对大量的建筑进行拆除重建，导致城市中大量历史建筑、空间环境被

破坏。而"一战"之后，欧洲国家为了解决住房问题、发展新的城市功能，又开始了新一轮的大规模城市建设，由于战争的影响，社会风气较为浮躁，非常长的一段时间内，都没有对古城和古建筑的保护给予重视，导致历史城区和文物古迹又遭受了更大程度的破坏。随着旧城更新思潮的发展，西方各国开始意识到之前古城破坏的问题，在反思了这段历程带来的严重危害之后，许多学者提出了关于保护传统街区和风貌的观点。但是，这一次的保护运动时间较早，因此观念大都比较片面，主要实践都集中在单体建筑、文物单位、遗址等层面，并且许多保护策略都具有民族和宗教色彩。由于思想的限制，仅仅保留了建筑单体，对空间、文脉的认识不够，许多传统文化都濒临消亡。

第二次保护思潮开始于"二战"之后，由于有了第一次思潮的经验，加上战后的重建和综合开发建设，这次思潮将保护范围扩大到建筑群体、城市环境和空间风貌，不再局限于对单一形体的保护，并且制定了许多地区层面的保护政策。

第三次思潮开始于20世纪60年代，随着战后的复兴，各国开始从更全面、更长远的角度来制定政策和法律，保护历史街区。1961年荷兰颁布《纪念物和历史建筑法案》（*Monuments and Historic Buildings Act*），将对文物古迹的管理上升到法律层面；到60年代末，英国颁布的《城市宜人环境法》（*Civil Amenities Act*）提出对旧城环境进行修复；再到1975年，日本修订《文化财保护法》，对全国文化遗产进行类别划分和类型界定，将文化遗产分为物质文化遗产、非物质文化遗产、民俗文化遗产、风景名胜、文化景观、古建筑群、地下遗产等类型，将文物保护的范围扩大，将传统的单体建筑保护转变为历史街区和城区的保护，将单纯的保护转变为使历史城区重新绽放活力，激发街区内部的创造力，完善街区的功能、基础设施、生活设施，使街区可以长久性地发展下去。

这三次保护思潮极大地促进了西方历史街区城市设计方法的进步，使历史街区的保护发展成了理论与实际相结合的一门学科。历史街区的保护也从单体走向整体，从物质走向非物质文化、历史、宗教、民俗等，保护的范围越来越大，方法越来越成熟，程度越来越深远，使历史街区城市设计方法的理论也上升到了较高的高度。

西方对历史街区城市设计方法的理论研究最早可以追溯到霍华德的田园城市理论，他用同心圆的方式对城市的空间层次和内部布局进行了理想化的设计，他认为，城市中心应该布置为花园，公共服务设施、商业、居住、绿地依次向外围圈层式扩散。1933年，柯布西耶在《阳光城》一书中提出了"明日城市"的理念，将城市路网设计为棋盘方格状路网，道路采用高架、地下等方式，拆除低矮房屋，城市中心全部建成18层以上的超高层建筑，其余地方全部做成绿化空间。同年的《雅典宪章》中提出，城市中最好的地段应该全部建设为居住区，并且要保护具有历史意义的区域和建筑。埃德蒙·培根在《城市设计》一书中提出："城市设计主要考虑建筑周围或建筑之间的空间，包括相应的要素，如风景、地形所形成的三维空间的规划布局和设计。"1960年凯文·林奇在《城市意象》中提出，城市中多种功能活动互相影响，因此，城市设计要实现城市中人、机动车、生态等各因素的共存。1970年后，现代主义的先驱贝纳德在《城市设计导论》一书中提出，时代在不断变化，城市的问题也不断变化，因此，城市设计的手法也应该随着时代和城市的发展而不断更新。他还认为，城市设计应该强调城市空间的和谐统一，包括新旧建筑的关系、宽窄道路的关系、步行系统与空间的关系等，并且要给予城市以视觉设计，提升城市面貌与城市色彩。1977年《马丘比丘宪章》提出，每个城市的具体发展水平、民族文化都不同，不能对其他城市的设计方式进行照搬，并且城市设计要在建筑、园林、景观等层面统一进行。1980年，桑德库克提出城市设计应该由国家的意志转向以人的意志为主，树立城市设计的公民性与道德性。1980年代，黑川纪章提出"灰空间"的概念，认为庭院、大堂、柱廊等是建筑与环境之间的过渡空间，具有半开放、半隐秘的性质，是内部空间与外部环境的联系，应该对其妥善利用。他还认为，城市设计应该以"人"为主体，注重城市空间的宜人性和城市文脉的存续，城市的肌理和形态需从城市居民的基本生活需求中建立起来，并让人具有场所归属感和空间的可识别性。1987年颁布的《华盛顿宪章》昭示着西方各国对历史街区的保护意识的觉醒，他们意识到了区域性保护与街区复兴的重要性。20世纪末，柯林·罗在《拼贴城市》中提出，在千百年的发展历程中，城市的各部分在空间和时间上都是互相交织在一起的，城市的拼贴就是让新建筑尊重周边的建筑风貌、材料、形式，与周边环境融合在一起，让城市的历史记忆保持连续。2013年，约翰·伦德·寇耿在《城市营造——21世纪城市设计的九项原则》一书中提出，历史街区中每条街道的格局和建筑都有其独特的城市记忆，因此需要对其进行保护，保持历史街区的多样性和可识别性。

2）国内研究现状

我国对历史街区进行改造起步于中华人民共和国成立后，期间经历了漫长而曲折的发展历程，在中华人民共和国成立至今七十多年的历史中，我国众多专家和学者也对历史街区的设计手法进行了许多研究。最早是1950年梁思成先生提议保护北京古城，他提出调整城市功能结构，将北京的经济功能放到通州新区，将北京古城保护起来，发展旅游文化等低开发强度的产业，以缓解古城交通和人口的压力，同时也可以使经济发展免受旧城的限制。这一方案最后由于种种原因而未能真正施行，但是对后来历史城区的建设和处理方式有着深远的意义，也促使后来的学者对历史街区的改造方法作出了激烈的探讨。许多关于历史街区城市设计手法的研究理论和实践成果应运而生。

1999年，阮仪三教授在《历史文化名城保护理论与规划》中对历史街区的城市设计手法进行了相关的描述。张松在《历史城市保护学导论》一书中综合日本和欧美国家整体性保护的理论和实践，结合我国国情提出，在我国，城市设计需要与城市的可持续发展、城市文化特色的存续具有一定的关系。何依认为，国内的历史街区保护分两个阶段：中华人民共和国成立初期至1990年代为第一阶段，这一时期以公有制经济为主，当时国内对历史城区的城市设计主要是对建筑、基础设施、市政工程等进行更新改造；第二阶段是在1990年代之后，经济开始全面发展，精神文化需求也不断增加，城市设计逐步转向对历史、人文、地域特色等的关注。

对于历史街区城市设计应达到的目标，吴良镛先生提出了自己的看法。1998年，吴良镛在全国城市设计学术交流会上结合北京历史街区更新的实际案例，提出了关于历史文化街区城市设计目标的六点看法：①历史文化街区的改造不能破坏原有环境，要不断增加新的景观为街区增色；②应保持旧城历史风貌的完整性，通过改建加强历史文化地段之间的联系，应尽可能保留旧城原有的小而多样化的城市绿地、开敞空间和步行道路等系统；③历史街区的改造要保护街区原有的城市生活功能，使历史文化地段辅以新用；④需要在总的城市设计原则与整体的构思下，逐步实施，不能拆旧建新、拆真建假；⑤历史文化地段的城市设计要协调好保护与发展的关系。

一些学者就当地的地域文化和物质空间协调保护的手法提出了自己的观点。朱小雷教授于1993年在《一种地域性城市设计的研究思路》中提到，历史街区城市设计的目的是为当地居民创造更好的生活环境，应该从地域特色、历史风貌变迁等方面研究城市居民的生活方式及变化，不能仅仅停留在物质层面上做设计，应该提炼出当地的地域特色和最本质的生活模式，将其运用到设计中。之后，如何在城市设计中反映地域文化成为历史街区改造中的重要课题。他以广州上下九商业步行街保护规划为例，阐述如何在此工程中，在改造骑楼街区的同时，将广州地区传统的地域生活模式和岭南文化在其中延续和发展。该项目有效地保持了上下九历史街区的吸引力，保护了街区建筑的整体外立面特色，创造了良好的步行空间系统，但是，在骑楼街区出现了断节，骑楼之间有较多现代风貌的建筑插入，骑楼空间的整体延续性还有待提升。2000年阳建强在《中国城市更新的现况、特征及趋向》一文中提到，随着经济社会的发展，城市的文化容纳能力也在扩大，要让文化成为街区复兴的动力之一。历史文化街区的更新也从单一的物质建设转向了社会、经济、文化的协同改造，有效防止了历史街区的继续衰退。2006年段进在《城市空间发展论》一书中指出，城市设计应该是渗透进历史街区保护和更新发展的各个方面的一种设计方法，它不仅是对城市表皮的美化，也涉及街区的空间、城市特色、历史、居民、文化等诸多层面，在设计的时候要把城市的内外因素结合起来。

　　一部分学者从整体设计的层面对城市设计的手法作出了研究分析。仲德崑在2003年通过分析淳溪古街的传统空间构成，研究了内部的居民是如何在传统的空间中适应和生活的，进而提出城市设计与总体规划的目标是一致的，都需要考虑经济、社会、环境等方面的影响，都是以改善城市的整体环境为目标，但是城市设计需要在总规的部署下进行。另外，他提出历史街区的城市设计有三个着眼点：①着眼于历史街区商业、文化等的复兴，而不是单纯的物质修复；②着眼于街区整体环境提升，而不是局部片区和个别建筑的改造；③着眼于挖掘地域特色，而不是对其他街区建筑形式的照搬和模仿。

　　一部分学者认为，城市设计应该分层次进行。2003年阮仪三在《苏州古城平江历史街区保护规划与实践》一文中提出，历史街区的保护规划与城市设计应该相辅相成，互相补充，保护规划侧重于空间环境的保护，城市设计偏向于对建筑和功能的修整。因此，历史街区的城市设计可以分为两个层次进行：①在保护规划的指导下对建筑与街区空间环境、新旧建筑的关系进行协调，对空间、城市界面、街道小品等作更多的考虑；②积极促进历史街区中日常生活功能、传统活动、民俗文化活动等的展开和延续。2004年王建国在《城市再生与城市设计》一文中提出，城市规划本来就应该分成综合总体规划和形体城市设计两个不同的设计层次。综合整体规划偏向于空间布局、战略发展、经济环境等层面，而形体城市设计则偏向于物质空间层面。他认为，应该把这两个层面分开，把城市规划放到宏观层面，研究城市的经济产业、发展战略、总体规划、控制性规划等，将城市设计放到中观和微观层面，主要对区域的建筑、空间、景观、交通等方面进行详细的设计，注重空间场所氛围、城市特色、景观环境的保护和营造。就城市设计单独来说，也分全局的城市设计与局部的城市设计。

一些学者提出了历史街区城市设计手法应遵循的原则。2006年刘宛在《城市设计实践论》中提出，历史街区城市设计的任务就是要使传统的城市空间适应现代社会的功能需求。他还提出，虽然具体的城市设计手法根据具体情况的不同和时代的发展而千变万化，但是某些传统的手法和经典的原则是从古至今都不变的。总结为四点就是：探寻旧城的空间规律；发掘旧城的文化特色；激发旧城的社会活力；维护城市的环境生态。

1.4.3 "生态绿心"相关研究综述

1）国外研究综述

规划界普遍认为，"生态绿心"的概念最早源自于"田园城市"思想。霍华德认为，城市的公共交往空间应该在城市的中心地带，以中央公园等绿色空间的形式供居民交流与游憩。因此，霍华德的"田园城市"中布局于城市中心的中央公园被公认为"生态绿心"的雏形。但事实上，中国杭州早在800年前就构建了以西湖以及周边园林为核心的城市绿色空间格局；美国纽约于1853年建造了位于市中心、林立于高楼大厦之间的纽约中央公园。这两者的出现，为"生态绿心"这一概念奠定了最原始的基础，为之后出现的生态绿心提供了学习与借鉴的经验。但是，在城市化早期，受时代背景的约束，"生态绿心"这一理论缺少足够的实践案例与研究，人们更多地关注城市的发展与工业化的进程，对生态环境的关注度普遍不高，导致"生态绿心"理论没有得到更多的发展。

虽然生态绿心的雏形早已出现，但直到荷兰兰斯塔德城市群绿心建设的兴起，才将"绿心"这一概念引入大众的视野。兰斯塔德地区由荷兰最大的四个城市组成，自然本底独特，松散的城市群之间是难以利用的洼地，农业价值不高，建设难度较大。当兰斯塔德地区的几个城市相继突破界限发展时，政府利用城市群之间的农业地带形成过渡与缓冲区域，以阻止城市无序蔓延。经过数十年的保护与利用，兰斯塔德城市群之间的农业地带形成了特色鲜明、功能独特的生态绿心。而生态绿心的概念也在逐渐完善，最初，生态绿心是指位于城市群中央的农业开放空间，而随着兰斯塔德地区的发展，绿心作为城市群空间结构核心的农业地带，阐述了"绿心大都市"的构成要素与布局形态，绿心这一概念也逐渐定型。

2）国内研究综述

国内首次提出生态绿心概念的黄光宇教授认为，需要以生态系统保护为前提，将生态绿心建设成为永久性森林公园。黄教授提出，生态绿心是城市空间结构的核心，有着重要的作用，它连接着城市的各个片区，是新区与旧城的过渡，通过生态绿心的分隔，新旧城区减少了无序蔓延的情况，生态环境得到了保护。

刘滨谊（2002）通过研究得出，生态绿心并不是单纯的城市中央绿地，它与城市中规模较大的城市绿色空间有一定的区别。生态绿心作为城市群或城市片区的中心地带，其周围的城市或片区要有各自的分工，通过对周边城市与片区的判断，可以对生态绿心的概念进行辨析。

王法成（2006）通过研究绿心环形城市的起源与发展动态，得出了绿心环形城市的定义与内涵，之后文中以国内外经典的绿心环形城市为例，探索了绿心城市规划方面的实践与方法，总结了生态绿心规划的普遍规律。

郭魏等（2010）研究了生态绿心在城市中所起的作用，并总结了成功的生态绿心应该具备的特征。在功能方面，生态绿心需要具备多种土地利用形式，在使用方式上形成功能的复合；而在生态方面，生态绿心需要具备要素的联通与开放，在生态建设上形成空间的开放。

刘凌燕等（2011）对生态绿心的概念与内涵进行研究，认为生态绿心周边的城市组团有着各自不同的分工，而生态绿心既是城市组团间的纽带，也是城市空间结构的核心，在城市形态的构成方面有着重要的影响与作用。在生态绿心的内部，有着多样的绿地类型，其生态环境的独特性造就了生态绿心的核心地位，作为城市景观系统中的重要斑块，生态绿心统领城市绿地系统，并为城市提供了多种复合的新功能，形成了城市绿色休憩空间。

童培浩（2011）对生态绿心的起源、动态发展以及形成机制作了详细的介绍，总结出了生态绿心具备的五个特征，结合实际案例总结了生态绿心面临的困境，并对其形成原因作了解读，最后以问题为导向，结合生态绿心的特性提出了相应的规划策略，为生态绿心保护与规划提供了借鉴。

刘思华等（2011）以长株潭城市群绿心为例，对其生态价值进行了总结。文章指出，长株潭绿心的生态价值包括优良的生态环境基础、丰富多样的动植物群落、高价值的文化旅游体验以及独具特色的景观风貌。

颜斌（2011）以生态绿心内的湿地系统为研究对象，分析并总结了其结构特征、绿地系统、出行系统、内部活动组织以及分期建设的必要性等内容。之后，文章以曲阜十里营生态湿地公园为例，介绍了其基本概况、发展目标、园区项目策划以及建设时序，提出了适用于生态绿心湿地系统的规划策略。

1.5
研究内容与框架

1.5.1 研究内容

本书在深入分析"城市双修"的内涵的同时，通过"城市双修"的理念来解析历史街区和生态绿心空间格局的保护与规划问题，按照"提出问题—分析问题—解决问题—总结反思"的研究思路，共分为六个部分：

第1章（提出问题）：介绍研究的背景、对研究对象及相关概念进行界定，解释研究的目的和意义，提出了研究思路和方法，对国内外相关研究进行综述，构建起了本书的研究框架。

第2章（理论与实践研究）：对相关理论进行归纳和总结，对国内外历史街区城市设计与生态绿心规划实践案例进行研究，总结其经验和教训，提炼出其理论与实践中的共性问题，并分析"城市双修"理念对于历史街区城市设计与生态绿心规划的指导意义，为下文历史街区城市设计手法与生态绿心规划策略提供参考与借鉴。

第3章（分析问题）：从空间肌理、尺度、界面、场所感、建筑的立面和结构、空间的物质形态、景观绿化细节等方面，研究如何在"城市双修"理念下进行历史街区的城市设计，保护传统空间特色，维护街区整体风貌。

第4章（分析问题）：从生态环境、物质环境、人文历史、产业文脉、治理体系等方面，研究如何在"城市双修"理念下进行生态绿心规划，保护空间格局风貌，传承历史文脉。

第5章（解决问题）：通过对武汉市中山大道的实际案例进行解读，从宏观到微观、从空间到建筑及景观，分析研究历史街区保护传统空间特色、塑造历史街区风貌整体性、完善历史街区的人居环境等方面的具体实施手段，具体而详细地探讨历史街区如何在"城市双修"理念的指导下进行城市设计，最后找出普适性的手法，提出在项目开始前需要进行全面的基础调研，用全局和动态的眼光来进行设计，对建筑、景观、空间、交通等进行有针对性的修补，引导街区功能提升，让街区长远持续地发展等观点，为其他的历史街区城市设计提供借鉴。

第6章（解决问题）：通过对莆田生态绿心的实际案例进行解读，对其特征与发展机遇进行分析与研究，在田野调查的基础上分析总结出生态绿心规划的现状问题，通过分析影响生态绿心规划的价值要素，从生态、建筑、历史、文化、管理等方面，具体而详细地探讨生态绿心如何在"城市双修"理念的指导下进行城市规划，最后找出普适性的策略，提出以问题为导向的生态绿心规划在生态环境、建成环境、地区活力、社会文脉、管理保障机制等方面的策略，以期为其他生态绿心规划提供参考与借鉴。

第7章（总结反思）：对第1章提出的全文研究目的作出总结性的解答，并提出研究展望。

1.5.2　研究思路与框架

本书的研究思路与技术路线为"提出问题—分析问题—解决问题—总结反思"，框架如图1-3所示。

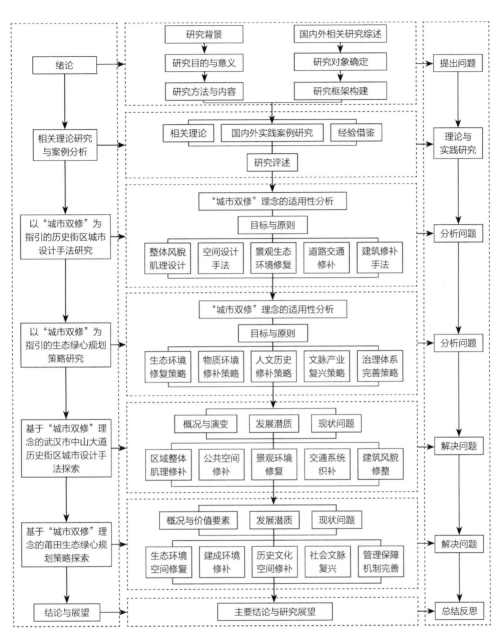

图1-3 研究思路与框架图

第 2 章

相关理论研究与案例借鉴

2.1
"城市双修"相关理论研究

2.1.1 城市触媒理论

1）城市触媒理论概念解析

1989年，美国学者韦恩·奥图和唐·洛干在《美国都市建筑——城市设计的触媒》一书中提出了"城市触媒"的概念。城市的物质环境或非物质环境因为城市触媒的介入而产生各种变化与反应，新的空间产生，地区活力得到激发；通过为城市旧的空间引入触媒元素，辅以正确的引导，可以激发片区的内生动力，从而以较小的投入带动整个区域的发展。

2）"城市双修"中城市触媒理论的内涵特征

"城市双修"理念提倡小尺度的内涵式更新与治理模式，而城市触媒理论就为"城市双修"提供了这方面的思路与引导。当规划者以另一个视角看待城市问题时，可以结合触媒理论对原有的城市旧区进行建设引导，通过植入城市触媒元素，用较小的改造成本与较少的时间，达到旧区的有机更新。城市触媒理论以其独特的切入点，为城市有机更新、文脉延续以及持续发展提供了理论借鉴。

2.1.2　拼贴城市理论

1）拼贴城市理论概念解析

1978年，美国著名建筑学者柯林·罗（Colin Rowe）基于前人的成果及对现代主义乌托邦的批判，提出了"拼贴城市"理论，第一次将"拼贴"思想用于城市设计中。他认为城市有着其特殊的肌理，每一个城市区域都是动态发展的，而理想化的统一规划是对城市连续性的破坏。在城市建设与更新中，不能搞大拆大建，需要运用"拼贴"的思路与手法，使城市的新旧区域融合共生，渐进式地进行有机拼贴，形成多元共生的城市形态。

2）"城市双修"中拼贴城市理论的内涵特征

"城市双修"理念与拼贴城市在城市建设与更新方面有着相似的认知，即反对推倒重来式的粗放更新模式，在关注城市历史文化与社会结构延续的同时，采用渐进式、小尺度的"拼贴"手法，使得城市更新与建设更具有可实施性与可持续性，从而避免了人力与物力的浪费。拼贴城市理论的提出，为"城市双修"提供了内涵式更新与发展的理论支持，指导"城市双修"工作稳步前行。

2.1.3　生态城市理论

1）生态城市理论概念解析

1971年联合国教科文组织在"人与生物圈"活动中首次提出"生态城市"的概念。生态城市作为城市发展的理想形态，有着较高的评价标准，世界上至今还没有一座城市符合生态城市的定义。苏联生态学家扬尼斯基（O. Yanitsky）认为，生态城市在各方面都应有着高度统一的发展水平，物质与空间要素间联系紧密，人工和生态环境融为一体，城市资源处在动态平衡的高效循环中，人们的生活环境舒适宜居，生产力也有了飞跃式的发展。美国生态学家雷基斯特（Richard Register）认为，生态城市应拥有良好的可持续性，城市发展与生态环境健康有序，两者和谐共生，各种保障体系健全完善。

2）"城市双修"中生态城市理论的内涵特征

"城市双修"理念与生态城市理论在城市与生态方面有着共同的认识与期许，生态城市理论为"城市双修"提供了目标导向的思路指引与完善的方法论指导。在"城市双修"工作日益受到关注的今天，生态城市理论构建的城市发展目标与理论基础，推动了"城市双修"的理论发展与实践进步。

2.2
"城市设计"相关理论研究

2.2.1 有机更新理论

1)有机更新理论概念解析

有机更新理论是吴良镛先生在《北京旧城与菊儿胡同》一书中提出的理论。他通过对北京旧城更新和西方城市发展历程与理论的综合研究，结合我国的具体国情和现状提出，"有机"是生物学中有机生命的概念，"更新"则是使其轮换、更替，重获新生。"有机更新"就是将城市当成一个不断更新的有生命的物体来看待，在其成长的过程中为了更好的良性发展对内部环境和结构进行补充有益因素、排出不利因素的新陈代谢的过程。在尊重城市内在的发展规律，顺应城市之肌理，以可持续发展观进行指导的基础上，探求城市的更新和发展。

2)"城市设计"中有机更新理论的内涵特征

有机更新需要根据改造的实际内容和要求，以因地制宜、可持续发展的眼光处理好过去、现在和未来之间的关系，不断根据时代的发展改善规划手段，提高规划、设计的质量与水平，使城市的发展与时俱进，像生物体不断更新、代谢那样，改善整体环境。

2.2.2 嵌入式城市设计理论

1）嵌入式城市设计理论概念解析

2005年，城市规划师乔恩·朗首次提出嵌入式城市设计。该理论和触媒理论存在着很多的共通之处，两者均重视城市新元素的植入对城市将来发展的持续性作用，但触媒理论与嵌入式城市理论的侧重点不同，前者侧重于对新元素触媒作用方式的研究，后者偏向于对前期的规划策略进行研究，关注触媒体自身具备的辐射吸引能力。

2）"城市设计"中嵌入式城市设计理论的内涵特征

嵌入式城市理论的运用主要分成两类，即主动插件与被动插件两种形式。前者适用于小规模城市旧区的改造，运用植入替换等方式，将触媒体如承载历史记忆的建筑融入原有的城市肌理中，为片区的发展引进新活力。而"被动插件"往往偏向于大规模地段的更新改造，触媒体可以是轨道交通、城市公共空间和中心商业体等，运用插入式的项目润滑周边片区的联动，促进城市的发展复兴。

2.2.3 新陈代谢理论

1）新陈代谢理论概念解析

新陈代谢理论在20世纪60年代由日本建筑大师黑川纪章提出，他认为："建筑不应该是一旦建成就固定不再变动的，而应将它理解为从过去到现在，从现在到将来逐步发展的某种事物或某个过程。"他认为随着人类的进步与城市的发展，城市中各种关系的平衡也在不断趋于不稳定的状态，而这种无休止的扩张的尽头，是无秩序的城市状态，城市中的各种要素会变得越来越对立，并向着"热死"状态发展。因此，建筑师和规划师需要做的事情就是维持这种城市的生态平衡，推迟"热死"的到来，建立城市的稳定系统和生态循环。黑川纪章认为，城市就像细胞一样，是有生命的，需要靠永不停息的新陈代谢来不断吸收新的营养成分，排出不合理的物质。一方面保留原有文化的特质和适宜当前城市发展的部分，淘汰阻碍城市发展的因素；另一方面吸收、接纳新的文化和因素，以推动城市的不断更新和发展。在城市的形态结构方面，黑川纪章认为过去的城市形态是一种"树形结构"，是以城市的几何中心为圆点向四周放射性扩散。他认为城市形态应该是一个个的细胞结构，处于不断增殖、交织的动态变化中，细胞中没有中心，中心设置在单元的外侧，因此不会造成拥堵和不便，当单元内饱和之后，就可以继续新造设施。

2）"城市设计"中新陈代谢理论的内涵特征

新陈代谢理论将城市看成有机生命体，认为城市以及组成城市的任何元素都历经新陈代谢的过程，类似于人体内的细胞组织。新陈代谢理论批判传统城市规划中将城市视作稳定而静止的状态，其认为在城市规划与城市设计中，所有静止的蓝图式的终极规划都不具实际意义，城市设计是一个不断动态演进的过程，城市是自我更新与变化的生命体，需要有序地进行代谢与更新。

2.3
生态绿心相关理论研究

2.3.1　田园城市理论

1）田园城市理论概念解析

　　田园城市理论最早是由英国著名的城市学家、风景规划与设计师埃比尼泽·霍华德在其著作《明日的田园城市》中提出的。霍华德指出，"城市应与乡村结合"，田园城市外围设置2023.4hm²的永久性农田和园地，内部由一系列同心圆组成，6条街道从同心圆中放射而出，圆心为一个占地20hm²的中央公园，沿公园一周布置公共建筑，其外圈是占地58hm²的公园，公园外圈是一些商店、展览馆，再外圈为住宅和宽128m的林荫道（图2-1、图2-2）。

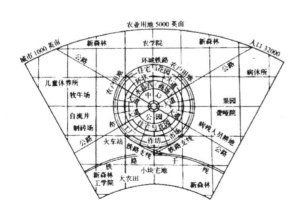

图2-1　田园城市规划简图
资料来源：埃比尼泽·霍华德. 明日的田园城市［M］. 金经元，译. 北京：商务印书馆，2010.

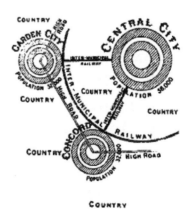

图2-2　田园城市的布局结构图
资料来源：埃比尼泽·霍华德. 明日的田园城市［M］. 金经元，译. 北京：商务印书馆，2010.

2）生态绿心中田园城市理论的内涵特征

从功能上来看，田园城市内部与外围布局的公园、绿地和农田可以有效地阻止城市的无序蔓延，有利于构建平等有机的城乡一体格局，这与生态绿心的功能有着相似之处。从布局结构来看，田园城市内部的中央公园初具绿心雏形，城市的组团与绿色空间有机地嵌套，城市与乡村和谐共生，绿心配合组团的城市发展模式也与现代的生态绿心有着异曲同工之妙。从目标来看，田园城市的理想化发展模式虽然受到空想社会主义的影响，实施难度较大，但是其城市发展模式的理想化构建与生态绿心规划的目标具有一致性。

田园城市理论虽然受时代背景的限制而有着诸多局限性，但其对城市规划的影响意义深远，因为田园城市理论的提出，使得城市规划理论体系发展迅速，人们也认识到了城市规划工作的重要性，开始追求更加美好、理想、和谐的城市。田园城市的核心思想与布局模式，为生态绿心促进城市多组团协调发展提供了坚实的理论基础，为构建城乡一体化格局指引了方向。

2.3.2 有机疏散理论

1）有机疏散理论概念解析

芬兰规划师伊利尔·沙里宁于1934年首次提出有机疏散思想，用以针对大城市过分膨胀所带来的种种"弊病"。沙里宁认为："有机秩序的原则是大自然的基本规律，也应当作为人类建筑的基本原则。"将城市生活进行功能性集中与有机分散，是有机疏散理论对城市日常活动的组织方式。有机疏散理论是控制城市无序蔓延，缓解城市压力，合理布局城市生活、生产、生态空间的有效指引，通过将密集的城市区域分解成不同的功能性集中点，合理安排人们的活动空间，使城市与乡村有机融合，形成良好的自然景观风貌。

2）生态绿心中有机疏散理论的内涵特征

生态绿心是城市组团间的分隔与过渡，可以有效地疏解城市的功能，通过对有机疏散理论的借鉴，可以营造更加和谐的城乡一体化格局，为城市的健康发展提供保障。有机疏散理论强调通过功能性集中与有机疏散，为城市创造了和谐共生的自然与生态环境，其兼具城市的便利与乡村的舒适。生态绿心就是这类城市绿色共享空间的核心地带，城市各组团因为生态绿心的分隔与过渡，有效阻止了城市的无序蔓延，同时，各组团又因生态绿心的渗透而联系在了一起，形成了和谐共生的格局，开辟了新的发展模式。

2.3.3 景观生态学理论

1）景观生态学理论概念解析

1938年，德国地理学家特罗尔首先提出了景观生态学这一概念。景观生态学是景观与生态学的有机结合，其主要研究的是景观空间与生态系统的互动关系。景观生态学中的基质、斑块、廊道三要素构成了其重要的理论体系，对景观按这三者分类，可以有效地促进各景观要素之间的联动，通过研究其多种物质交换的运行机制，以生态学的方法优化景观的布局，营造优美的景观体系。通过对景观异质性的分析，可以探究景观要素之间的动态变化构成与形成机制，为不同的景观要素选取最合适的组织形式。

2）生态绿心中景观生态学理论的内涵特征

生态绿心作为城市中的斑块，通过景观绿廊的串联，合理布置于以城市为基底的基质之中。景观生态学的三要素组织形式为生态绿心在城市中构建生态景观体系提供了理论基础，合理地将城市绿地系统中的小块绿地、景区、公园等斑块用城市绿道、景观绿廊、河流等廊道串联起来，形成互相交织的景观网络，有助于强化城市生态系统的整体性，为城市建成环境构建良好的景观格局。生态绿心作为景观生态格局的核心，发挥着改善城市生态环境，塑造城市特色风貌的积极作用。

2.4
国内外经典案例分析

2.4.1 历史街区城市设计案例分析

1）日本埼玉县川越市一番街的改造

　　日本于1975年修改了《文化财保存法》，增加了与历史文化街区相关的内容。法律规定，将传统建筑较为集中、与周围环境协调、形成历史风貌的街区，在该地区的都市计划中确定为历史文化保护街区。国家选择其中价值较高的定为重要的传统建筑群保存地区。目前，全日本境内有43处街区被划定为这一等级，川越一番街就是其中的一处。

　　（1）创造独特的文化差异定位

　　川越一番街将街区风貌定位为江户风情文化街，与日本其他街区有着明显的文化差异和特色。川越市位于东京西北约40km的埼玉县，从东京站搭乘JR川越线30分钟便可到达，是东京都市圈的一部分。一番街长约430m，宽约9～11m，在日本《产经新闻》"最想散步的历史街景"排名中位居第三，川越市人口仅35万，每年却能吸引游客620万人次，甚至以一番街为核心，带动了整个川越的旧城面貌和管理水平的提升。首都圈内的东京及周边城市的许多历史文化遗产早已毁于1923年的关东大地震和第二次世界大战的空袭。同属江户历史文化区的川越一番街却因为位于埼玉的山区，反而在战争的炮火和战后城市大建设的风潮中将当地独特的传统风貌和民俗文化保存了下来，成为首都圈内极为稀缺的江户风情街区。

江户时代以前，日本的政治经济中心一直在京都，因此，从室町时代起，各地多会将自己居住的城市建设成类似京都的风貌。而川越一番街利用自身江户时代的历史遗存将街区定位为"小江户"，一开始就在日本大量的"小京都"当中独树一帜，与其他传统街区有着明显区分，形成了独特的风貌和吸引力。

（2）打造独特街区风貌

在建筑的类型上，一番街选取了当地历史上的特色建筑——藏造建筑。由于川越地区风大，易发生火灾，因此，藏造建筑与日本传统木结构建筑不同，它一般使用木、土等材料建造，外面用三十多厘米厚的石灰泥抹在墙上，连木柱也隐藏在墙体里，可以较好地防虫防火。1950年后，由于战后日本的大规模重建活动，对一番街古老的传统街区风貌也造成了很大的破坏。为了保护当地文化，川越市政府决定从保护修复建筑和还原风貌特色方面着手对街区进行保护与改造。藏造建筑多为2～3层的仓库型商业建筑，外墙涂上黑色颜料。藏造建筑独特的鬼瓦屋顶，令建筑显得十分厚重，日本的传统建筑中采用鬼面、兽头等元素的多为重要建筑，因此，藏造建筑的主人一般是当地家境较好的家族。每栋建筑物的临街宽度虽然只有四五米，但进深却能达到几十米，并且可以在建筑内储存货物、食物、烧酒等各种物品。

藏造建筑的屋檐错落有致，高低起伏，经过仔细的筛选，一番街重点保留并修复了30多栋传统藏造建筑，包括宽永年间由当时的川越藩主酒井忠胜建设的钟楼——"时之钟"，由机械滑轮牵引的钟锤，缓缓上升到木制钟楼之顶，至此，成功地重新树立起了一番街乃至整个川越市的地标建筑。另外，提炼出藏造建筑的鬼瓦、石灰黑墙、观音门等典型元素，将之运用到新建建筑中，并且将街区中原有的一部分西洋式建筑也保留下来，使街区形成了独特的风貌，使西洋风情和藏造和风在此相融共生。

（3）改善街区环境

作为生活性的街区，一番街除了统一建筑风貌外，还尤为注重从道路、路灯等街道细节入手，营造纯粹化街区景观，避免现代生活的细节元素干扰游客。为此，一番街街区委员会配合政府的道路改造工程，通过电缆入地、控制街区的交通流量、分离人行道与车行道、缩小道路红线宽度等一系列行动，在保障街区现代生活便利的同时，最大化地保持街区传统风貌的纯粹性。一番街纯粹的江户风貌营造，不仅优化了游客体验，一跃成为川越最负盛名的文化景点，更是赢得了各专业领域和街区保护奖项的认可。

（4）建设文化体验场所

文化体验场所可以有效地提升历史街区的历史文化氛围。做好"外壳"，对于传统街区文化更新而言必不可少，但只有"外壳"却远远不够，还必须要有生动丰富的内涵支撑，文化才能真正活起来，相比于封闭式的场馆和单体建筑，街区形式本身就更加开放，载体也更为多元，堪称文化最鲜活的展示场，具备文化活化的天然优势。川越一番街正是抓住了街区的这些优势，从文化活化经营和宣传推广等方面不断强化传统文化与现代生活的融合共兴。

从街区到舞台的体验文化自身具有多样性和复杂性，川越一番街并没有局限于某个场馆，而是将整个街区整体化包装，成功变身为一个所有人都可以互动体验的"大舞台"。为了将抽象的江户文化生动地表达出来，川越一番街搭建了各式各样的舞台。比如当年的大烟草商小山文造的宅邸，现在已经建造为开放的私人博物馆；还有由旧仓库改建而成的兰山纪念美术馆、服部民族资料馆等建筑，它们从不同专业维度介绍了江户时代的民俗，从而让游客一站式、系统化地了解了江户时代的风土人情。

此外，一番街在街区文化更新过程中还注意功能业态与江户文化呼应，在生产、售卖之外，凸显展示、参观、见学等功能，引入了玻璃坊、松本酱油铺、镜山酒造、川越绢等能够体现江户传统技艺的工坊，而且功能上也进行了创新，既可以售卖江户时期的特色产品，也设置了各类体验课程，让人们一站式亲自体验到各类江户时代的传统技艺。另外，一番街还专门设置了一条横向街道——"果子屋横丁"，该街道上聚集了二十多家销售日本传统糖果的店铺，集中向游客再现了和果子、团子、糖球等川越的各类土产。通过打造文化体验店铺和手工工坊来使游客融入其中，零距离接触产品的加工制作过程，动手体验江户文化技艺的魅力，让整个街区不再是单纯的商业街，而是最鲜活、多元的文化体验。

日本川越市一番街的成功改造说明在历史街区的城市设计改造中需要尊重当地的地域文化和特色，不能盲目地模仿市面上其他地方街区的改造而失去自己独有的风情，不能因为大部分街区都做成京都风貌并且较为成功就模仿那些案例来做成京都风格，而是充分展示自己的特色风情从而取得成功。目前，在我国的历史街区改造中，许多城市不顾当地的地域文化特色和历史传统，看到许多城市做白墙黑瓦的徽派仿古建筑街较为成功就加以模仿，结果造成风貌与当地文化根本不协调。例如湖南省益阳市的江南水镇，湘北民居的特色是青瓦黑墙，因地制宜，较为简朴低调，但是由于近两年徽派建筑的流行，于是将整条街区全部设计成白墙黑瓦、封火山墙的徽派建筑，与湘北的地域文化完全不协调，丧失了自己的特色。在历史街区的改造中，除了硬件的打造之外，还需要发挥自己的软实力，充分挖掘本地的文化，例如手工艺品、特色食品、地方土产等，将其价值附加到历史街区中来，在现代的街区中重新演绎当年的历史风情，将街区保护与旅游开发充分结合起来。

2）上海新天地的改造

上海新天地位于上海市淮海中路，周边是上海最繁华的商业区之一。其内部的主要建筑大部分是建造于20世纪20年代初的旧式上海里弄，民国时期典型的肌理和空间特色十分明显，另外，内部有中共一大、二大会址等国家级文物保护建筑，历史文化价值较高，上海新天地与武汉中山大道的建设处于相似的建设背景之下，两者的建筑风格与空间肌理等也有一定的共同之处，因此，上海新天地历史街区的改造和设计对武汉中山大道有较好的借鉴意义。通过对上海新天地这个极具代表性的历史街区改造案例的解读，来探讨城市设计在历史街区保护与更新中的应用。

（1）功能分区与空间肌理的设计

北侧以石库门旧建筑为主，结合现代化装潢和设备，南侧以反映新时代的大型商业设施为主，包括总建筑面积达25万m²的商业综合体和娱乐休闲设施以及少量石库门建筑。新天地北里面积不到2hm²，原本纵横交织15个里弄，密布着3万m²的旧房屋，拆除了约三分之一的破旧里弄和建筑，在北里两侧形成了两个入口小广场，在建筑中部形成了一条贯穿南北的线性步行主干道，在这条步行道上串联着形状各异，大小、氛围各不相同的广场群，而在北里东面较好地保留了弄堂的肌理和样式（图2-3）。

（2）空间的塑造

a. 广场空间的塑造

上海新天地的广场空间互相串联，共同构成了一个系统的空间结构，并且每个小广场都各具特色。太仓路入口处的广场空间由石库门建筑围合而成，但是中央有一座玻璃建造的现代化喷水池，给游客以古今交融的第一印象。街区内部的广场也

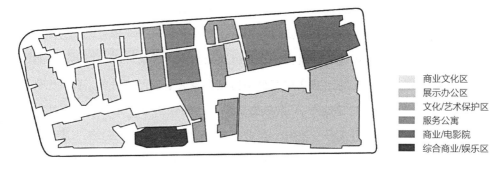

图2-3　上海新天地功能分区图

各有特色，围合感较强，其中布置有休闲座椅、绿化树池和餐厅、画廊、咖啡馆等
休闲娱乐设施，形成了宜人的场所。

　　b．街巷空间上的塑造

　　新天地在街巷空间的塑造上追求的是对现有街巷尺度和肌理的保存。老上海里
弄的街巷空间形式和尺度丰富多变，并且为了满足居民的日常交流，经年累月形
成了一系列围合式的不规则的小型公共空间，新天地在改造中也对这些街巷中忽大
忽小的空间进行了保留，并进行改造，使其可以满足游人在街巷内的停留和休憩需
求，也保留了大部分里弄巷道的传统形式和装饰，可以供游人欣赏、追忆。但是新
天地在改造的过程中拆除了地块中部一些价值较低的历史建筑，将其改造成了现代
化的内部步行街，具有一定的争议性。

　　（3）建筑的设计方法

　　建筑设计是上海新天地改造开发的重点部分。在建筑改造方面，最大程度地保
留上海石库门历史建筑的立面装饰和构件形式，对于其他街区的改造有一定的借鉴
意义。

　　a．建筑立面的改造

　　新天地对建筑质量进行了三种分类：质量好、质量一般与质量较差。对于质量
好的建筑最大程度地保留了石库门的雕花构件、外墙、立面形式，保存了新天地街
区建筑的西洋风貌；对于质量一般的建筑，用传统的工艺和材料修旧如旧，尽量还
原历史面貌；对于质量较差、损坏严重的建筑，则保留部分历史构件、特征，例如
一个牌坊、拱券、立柱等，再用现代工艺和材料将其修补。

在建筑的外立面材料上，多使用玻璃等透明材料。在主广场以及主要道路两侧建筑的首层，甚至将某些建筑的整面墙或者将门窗拆除、扩大，全部替换为玻璃立面，这样使游客很容易看到室内的情况，产生逗留和进去消费的想法，也可以使室内的空间与室外的环境有较好的融合性。这样新旧结合的方法使街区的建筑开始变得既富有历史底蕴也具有现代气息和设计感，而不至于变成完全的里弄保护的感觉。

在对建筑细节部分的改造上，新天地尽量使用接近建筑原本材质的材料进行修复。如将拆除建筑的砖、瓦进行保存，作为修复建筑的补充材料。对西洋风格的雕花等尽量完整保存，破损的部分尽量原样修复。对缺损的砖、石、瓦等材料，特制相似的材料进行修补，使街区建筑修旧如旧，具有历史的厚重感。

b. 建筑体量控制

新天地的建筑尺度基本都控制在一定范围之内。特别是北里的大部分建筑体量，对角线长度基本都为25~35m，这样的尺度对于步行街而言比较适合。除此之外，还通过坡屋顶与平屋面的结合、院落的穿插、新旧体块的衔接等手法使体量进一步细分，形成了每10~30m就有步行岔口沿道路连接主步行街，而南部区块的体量都比较大，对角线长度都在50m以上，并且立面凹凸变化不大，层数从北里的2、3层增加到了5层，步行道的水平边界从北地块的折线形轮廓逐渐过渡到南边界。

c. 建筑功能置换

新天地的建筑功能置换程度较大。原先的石库门街区以居住为主，新天地对建筑内部形式进行保留的同时，对许多建筑的内部结构进行了改造，使其可以发展商业、娱乐、购物、展览、休憩等功能，以适应现在商业街区开发的需要，并且对招商引资非常注重，引入国内外的一线品牌，对落后的业态及时进行升级与置换。另外，对不能满足现代功能的建筑和空间进行选择性的拆建，例如将太过拥挤的街巷拆出一部分较为宽阔的区域作为小型广场，将没有保护和使用价值的建筑拆除重建，对区域内原有的公共建筑进行综合整治并保留使用功能。

(4) 景观环境的设计方法

作为一个开放性的商业街区，景观环境也是新天地改造的重点。与历史街区的建筑风格相比，新天地的景观设计较为现代与高调，甚至让历史建筑作为景观环境的背景。

在室外空间，运用大量植被、树木、花池等创造良好的绿化环境，甚至将绿化植入到建筑的外墙、屋檐、屋顶中，形成立体的三维绿化空间，使景观空间更加宜人。在街区内设置有一定数量的手推车式小型餐饮，另外还设置了大量的帆布遮阳伞、雨篷、座椅等给行人和顾客提供休憩活动空间，在对桌椅板凳的布置上也进行严格的管控，不能影响商业的运营、不能与街区风貌冲突、不能阻碍行人的通行。这些小型街道家具的管理加上玻璃幕墙的运用使室内外形成了较为统一的商业空间，营造出了热烈的商业氛围。

夜间照明也是街区的一大特色。很多人评价上海新天地晚上比白天更漂亮，这离不开街区灯光设计的帮助。街区的灯光系统非常丰富，包括建筑内部灯光、外立面照明、店招照明、水景绿化照明、街巷路灯照明等。全部使用暖黄色的光线，禁止饱和度高、荧光色系、LED流动屏等的出现，将光源和灯泡等隐藏，只出现淡淡的光晕，使街区的照明充满高级感。另外，公共广场、集散空间、入口等处的照明明亮且炫目，街巷、休憩空间的灯光幽静且暗淡，使街区的灯光富有层次感。

新天地对于街区的店招、标识等也进行了详细的管理，严格控制店招的字体、材质、颜色和样式等，对于大小和放置位置也有要求，不能与建筑整体风格太冲突，也不能喧宾夺主，应该与街区的整体环境相协调。上海新天地的这些改造和设计的手法不仅使街区保存了一定的历史感，也添加了许多现代与时尚的气息，使历史街区融入城市现代环境中，并使其整体功能和质感提高、升华，使之成为上海市地标性的时尚潮流中心。

上海新天地的案例主要从城市设计的建筑、功能、结构、肌理、景观等几个方面来进行分析。新天地与中山大道的历史背景较为相似，都处于当时资本主义列强的租界区内，都有许多西洋风格的历史建筑，都位于城市的老商业中心等，因此有较大的借鉴意义。上海新天地在对西洋风格的租界建筑进行改造以适应现代社会的过程中，思考了如何将古老的石库门建筑等改造成商业店铺以激活街区活力、如何将现代景观植入历史街道以营造商业氛围等方面的内容，都具有较好的参考价值。但是上海新天地由于商业性太强，对许多历史建筑和单位只保留了部分结构或样式，如一扇拱门、一堵墙、一个欧式的构件，其他部分全部换成新元素，导致现代化、商业化气息过于浓厚。相对而言，中山大道比上海新天地的改造难度更大，例如上海新天地基本全部位于法租界区，中山大道横跨多个历史租界区和现代商业区，风貌特色较为凌乱，上海新天地以开发商为主体进行统筹开发，而中山大道以政府为主体，对沿路两侧的建筑和景观等进行统一设计，各建筑产权、功能、业态、质量等不尽相同，如何在之后的城市设计中解决这些矛盾，把这些风貌全部协调起来，需要继续深入研究。

3）杭州中山路的改造

杭州中山路的历史可以追溯到800多年以前的南宋时期，作为中国南宋的首都，杭州的中山路是当时城内最宽的道路，连当时的皇帝每年也要经由这条大道去往城外祭祀祈福，作为南宋杭州城内最繁荣的街道，历经千年（图2-4）。直到20年前，这条路依然是杭州商业最繁盛的街道，也是杭州最早出现西方建筑和宗教建筑的街道。

1927年，为迎接孙中山视察杭州，当时的政府开始对其进行大规模的整治，并将御街改名为"中山路"。受到西方建筑思潮的影响，政府将当时沿街两侧的中国古建筑全部拆建成西洋风格的建筑，并且将原本宽4m的街道拓宽至12m。随着历史的变迁，后来，中山路的建筑新旧混杂，高密度地挤压在一起，对杭州作为世界知名的历史文化名城的城市形象影响较差，因此，杭州市政府决定对其进行彻底的整治改造。

（1）遵循真实性的原则

杭州中山路历史街区的城市设计首先强调真实性的原则。中山路街区由于历史原因，既有中国古典式也有西方式的建筑，因此，在对街区进行城市设计时用保持街区的多时期差异性的方法，将街区中多种多样的风貌都保存了下来。以不大拆大

图2-4　南宋中山路（南宋御街）鸟瞰图（陈鸣楼《南宋皇城图》）

建、坚持可持续性为设计原则，将生活方式的保持看作与建筑保护同等重要，从对生活和文化的存续着手，开始对杭州中山大道历史街区的复兴工作。

（2）交通改造

中山路历史街区的道路为三段式，分别为慢行段、步行段与混合交通段。在步行系统中引入宋代山水绘卷的意象，将街道抽象成一种园林景观系统，以现代化的图形将园林和院落的意象植入并进行设计，将几何形的水池沿街做成水景，沿水池用假山、石块等将水体与步行道隔开。另外，将宋代独有的一种浅沟方式引水入街，用吴国传统的砌筑方式来进行步行道铺地的建造。

（3）空间与建筑改造

以历史篇章的意象进行空间布局的重塑。在入口空间建造标志性建筑，将水池扩大，并设计景观墙。整条路经过曲折的坊墙和建筑的围合形成数十处街院混合的空间，使街区具有中国传统叙事的氛围。在建筑的改造上，运用街区原有的和地域性的材料来进行外立面的修补，在新建建筑的外立面上也尽量使用原生态的木材、竹子、清水混凝土、石材等材料进行建造。保存沿街建筑的原有风貌，使西洋建筑、中国古典建筑和后现代主义的建筑和谐共生。

（4）景观环境的塑造

景观环境方面，营造杭州独特的江南水乡氛围。沿步行系统的水池种植喜水植物，如菖蒲、芦苇、睡莲等，营造自然生态的街区，保留沿街的所有法国梧桐等乔木，在景观墙、建筑立面等处利用垂挂的植物使街区显得更加绿意盎然。在街头小品的设计方面，引入许多艺术家的工作室，根据杭州的历史典故和发展历程建设景观文化墙，并让艺术家在街区中自行设计雕塑小品、邮筒、电话亭、灯具等，使街区从细节到整体都充满文化艺术气息。

杭州中山路街道的景观营造手法对于历史文化与景观改造的结合以及街头景观小品、绿化植物等的选择都有一定借鉴意义。另外，中山路的建筑和街道风貌的设计对于如何将武汉市中山大道的城市设计与现代城市发展接轨具有参考价值，对于新老建筑的并存及延续文化脉络具有良好的案例借鉴意义。但是杭州中山路对历史街区与周边街区的衔接不够，对单行道、人行入口等的考虑不足，因此造成了一些交通问题，这对武汉市中山大道的交通问题的处理起到了一定的警示作用。

4）历史街区城市设计模式分析

笔者通过总结我国多个历史街区改造的具体案例，将国内历史街区的城市设计方法大致分为三种模式，分别为早期粗放式的大规模改造模式、点式的小规模改造模式、复合型的商业化开发模式。当然，基于现实情况，也有可能出现两种或多种模式并存的情况。

（1）大规模粗放式改造模式

我国早期的历史街区更新以20世纪80年代开始的大规模粗放式改造为主。"拆旧建新、拆真建假"是其中运用最多的一种手法。这种保护与更新方式无疑是非常不成熟的，但是由于工程简单，手续方便、快捷，可以在短期内在表面上改变城市风貌，因此成为早期大量历史街区更新改造选择的方式，一直到现在都屡禁不止，拆旧建新后的新街区往往都成了快餐式的旅游街区，充满了模式化的体块。这不仅是历史街区保护的灾难，也导致了历史街区的加速衰败。

除拆旧建新之外，还有一种"冷宫式"的处理手法。很多地方政府为了政绩等因素一味地发展新区，往外扩展，而对历史老城区采取不闻不问的态度，放任历史街区的生活环境恶化、基础设施落后、建筑年久失修等，将其排除在整个城市的发展序列之外。这种情况在许多城市中都存在，特别是一些经济不发达、思想较保守的地区，如郑州的新密市。新密是河南省重要的历史文化名城，位于洛阳和开封之间，是洛阳与开封两大古都重要的连接点，豫西地区的山地沟壑较多，因此新密也是我国因地制宜、山水营城的典范。城区内遗存有大量的明清时期的历史建筑和文物保护单位，其老城区的新密县衙是我国现存最大、最完整的县衙之一，有很高的历史研究价值，但是老城区地势高差较大，建筑比较破旧，因此中华人民共和国成立后，在北部较平坦的平原地区新建了新密新城，对老城区疏于治理，导致老城区日渐破落，与新城区的隔阂、差距越来越大。

（2）小规模点式改造模式

小规模整治主要指在历史城市或历史文化街区依据质量、类型等对建筑进行分类，从中选取几座建筑质量及格局保存完好，具有较高的历史文化与艺术价值的有代表性的历史建筑或点作为改造对象，采取加固、修缮、整治、插建等手段进行重点改造。对于次要的风貌协调区或单位则要求较低，制定风貌引导导则，使大部分建筑与整体风貌基本协调即可，采取逐步推动的渐进式策略，对街巷肌理、名树古木进行保留，避免大规模推倒式的建设，注重历史文脉的继承。其中比较有代表性的有武汉市的昙华林历史街区、广州华侨新村历史街区、北京烟袋斜街等。

（3）市场导向型的商业开发模式

商业开发是目前我国主要的历史街区改造模式。采用这种模式开发的历史街区大多位于城市中心地段或者旅游景区，由于地段寸土寸金，政府单独开发成本太高，于是许多地方政府会引入市场的资本，协同开发商、企业、旅游运营公司等对其进行"商业化"的开发，在保护和修缮历史建筑的同时，也会对街区的功能业态进行全面的调整和置换。受到利润的驱使，新引进的多是商业、服务、餐饮、酒吧等功能业态，商业气息较为浓厚。另外，随着我国经济的逐步市场化，国内一些知名的古镇古村落及历史街区的旅游业开始发展，开发商逐渐介入历史片区的开发和改造，并打造了诸多有名的案例，如著名的江苏周庄、丽江古城、成都宽窄巷子、湖南凤凰古城、黄山屯溪老街、贵州镇江古城等。

2.4.2　生态绿心案例分析

国内外的生态绿心从规模尺度到保护与开发模式都存在着差异（表2-1）。根据生态绿心的概念以及规模可以将生态绿心分为两种不同的类型：区域性生态绿心、城市中央绿心。对于两种不同类型的生态绿心，国内外都有较多成熟的实践案例，针对荷兰兰斯塔德城市群绿心（表2-2）、长株潭城市群绿心（表2-3）、台州绿心生态区（表2-4）、武汉东湖绿心（表2-5）等四个案例，从资源禀赋、功能定位、交通状况、保护与利用以及存在的问题等方面进行比较研究，总结可借鉴的经验，同时提炼出共性问题。

国内外生态绿心案例比较表　　　　　　　　　　　　表2-1

案例	规模尺度	面积	保护与规划模式
荷兰兰斯塔德绿心	区域城市群	400km²	设立景观保护区，低密度开发
长株潭城市群绿心	区域城市群	522.87km²	设立自然保护区、生态区，注重复合功能开发
台州绿心生态区	城市中心城区	76.5km²	设立自然风景区，低密度开发

续表

案例	规模尺度	面积	保护与规划模式
绍兴镜湖绿心	城市中心城区	53.4km²	设立绝对保护区、重点保护区、协调过渡区，分级开发
武汉东湖绿心	城市中心城区	48km²	设立生态保护区，注重公共服务开发
乐山嘉州绿心	城市中心城区	9.8km²	设立自然保护区，注重旅游开发
成都新津绿心	城市中心城区	20km²	设立生态保护区，注重新兴产业开发

资料来源：作者根据资料整理。

1）荷兰兰斯塔德城市群绿心

荷兰兰斯塔德城市群绿心案例分析表　　　　　表2-2

荷兰兰斯塔德城市群绿心	
空间结构示意图	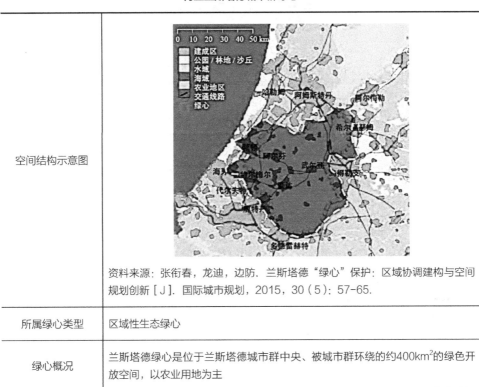
	资料来源：张衔春，龙迪，边防. 兰斯塔德"绿心"保护：区域协调建构与空间规划创新［J］. 国际城市规划，2015，30（5）：57-65.
所属绿心类型	区域性生态绿心
绿心概况	兰斯塔德绿心是位于兰斯塔德城市群中央、被城市群环绕的约400km²的绿色开放空间，以农业用地为主

续表

荷兰兰斯塔德城市群绿心

绿心地区资源禀赋	用地主要由农业用地、湿地、景观园林组成,是河网纵横、土地肥沃,由各种人造景观组合而成的集合体,同时可以看到很多文化和历史遗迹
绿心功能定位	荷兰温室园艺最为发达的地区,欧洲著名的农产品、花卉生产基地
绿心地区主要道路交通示意图	 资料来源:Fazal S, Geertman S C M, Toppen F J. Interpretation of Trends in Land Transformations——A Case of Green Heart Region(The Netherlands)[J]. Natural Resources,2012,3(3):107-117.
绿心地区道路交通性质及概况	绿心地区道路主要沿绿心周边建设,少量铁路与高速公路穿过兰斯塔德地区城市群,绿心内部设有铁路隧道,用以降低铁路廊道建设对绿心内部环境与景观的影响
绿心的保护与利用	通过制定自然生态政策,保护与维持绿心特有的共享性,使绿心生态体系内重要的生态要素得到法律的保护,发挥绿心特殊的自然景观属性和人文景观属性,通过增强保护政策的弹性,鼓励在绿心内积极发展生态旅游产业和休闲服务产业
绿心规划中存在的问题	虽然保护是绿心的重点,但随着区域发展的推进,绿心在城市化过程中渐渐被侵蚀,在景观风貌方面,绿心内部是纵横交错的道路和高压线,乡村景观特征的可识别性、统一性不强,没有与一般乡村景观形成区别,缺乏自身特色

资料来源:作者根据资料整理。

2）长株潭城市群绿心

长株潭城市群绿心案例分析表　　　　表2-3

长株潭城市群绿心	
空间结构示意图	 资料来源：湖南省建筑设计院有限公司. 长株潭城市群生态绿心地区总体规划（2010—2030年）[Z]. 2014.
所属绿心类型	区域性生态绿心
绿心概况	长株潭城市群绿心位于长沙、株洲和湘潭三市之间，规划面积约522.87km²
绿心地区资源禀赋	长株潭城市群绿心拥有多个森林公园，如昭山森林公园、石燕湖森林公园，同时有着众多的文物古迹，如左宗棠墓、昭山古蹬道
绿心功能定位	长株潭城市群绿心定位为国家级生态示范区、特色休闲旅游服务圣地、长株潭城市群生态核心地区
绿心地区主要道路交通示意图	 资料来源：湖南省建筑设计院有限公司. 长株潭城市群生态绿心地区总体规划（2010—2030 年）[Z]. 2014.

续表

长株潭城市群绿心	
绿心地区道路交通性质及概况	交通路网以区域交通串联等复杂的交通骨架为主，其承载了长株潭地区的区域联系，现状道路主要有三条铁路、四条高速公路、两条国道线路以及两条省道
绿心的保护与利用	生态绿心主要以保护生态环境为基础，以恢复生态本底为重点，建立合理而完善的生态保育体系，推动生态林业、生态农业、生态村庄以及生态绿廊的建设
绿心规划中存在的问题	绿心的空间不断被蚕食，三市之间对绿心规划与建设的意见略有冲突，不同的规划与绿心自身规划的衔接不畅，三市对绿心的基础设施建设难以统筹安排，各类补偿机制尚不完善

资料来源：作者根据资料整理。

3）台州绿心生态区

台州绿心生态区案例分析表　　　　表2-4

台州绿心生态区	
功能组团示意图	 资料来源：中国城市规划设计研究院. 台州市绿心空间规划研究 [Z]. 2005.
所属绿心类型	城市中央绿心
绿心概况	台州绿心生态区位于台州市四个城市组团中心，总面积76.5km²，交通便利，有近一半的山体资源
绿心地区资源禀赋	绿心生态区动植物种类丰富，湖泊、河道密布，森林覆盖率达54%；历史人文景观有九峰书院、紫云塔等古建筑
绿心功能定位	以生态为基底、山体风景为特色、文化旅游脉络为韵味、休闲游憩为主的城市生态核心区。台州绿心生态区包含旅游游憩功能、生态保育功能、联系城区结构功能以及文化传承功能

续表

台州绿心生态区	
绿心地区主要道路交通示意图	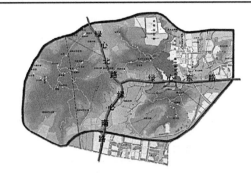 资料来源：中国城市规划设计研究院. 台州市绿心空间规划研究 [Z]. 2005.
绿心地区道路交通性质及概况	道路交通组织形式以外围环绕绿心的城市快速路和串联绿心的三条主干路为骨架，联系了城市的四个组团与绿心
绿心的保护与利用	台州生态绿心区以保护为核心，适度进行开发与利用，围绕绿心的生态资源与文化资源，构建旅游服务、低密度居住、城市公共空间的开发体系
绿心规划中存在的问题	城市发展对绿心地区环境造成了破坏，周边城市用地的不断扩张也导致了绿心土地资源的侵占

资料来源：作者根据资料整理。

4）武汉东湖绿心

武汉东湖绿心案例分析表   表2-5

武汉东湖绿心	
空间结构示意图	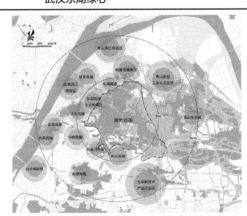 资料来源：陈明，孟勇，戴菲，刘志慧，王运达. 生态修复背景下城市绿心规划策略研究——以武汉东湖绿心为例 [J]. 中国园林，2018，34（08）：5-11.

续表

武汉东湖绿心	
所属绿心类型	城市中央绿心
绿心概况	武汉东湖绿心有着国家AAAAA级风景名胜区东湖,总面积48km^2,绿心内的东湖是亚洲最大的城市中央湖泊,东湖绿心是武汉城市绿色空间中最重要的大型生态斑块
绿心地区资源禀赋	东湖绿心拥有大规模生态林地和12个原生态村落,13座植物专类园,以及20多处以楚文化、三国文化为代表的古迹
绿心功能定位	调节城市生态环境的城市"绿肺",展示城市文化魅力的城市大型公共空间,同时也是区域辐射的增长极
绿心地区主要道路交通示意图	 资料来源:武汉市国土资源和规划局. 武汉东湖绿道系统规划[Z]. 2015.
绿心地区道路交通性质及概况	东湖绿心外围由城市快速路、主干道与城市其他片区相连接,绿心内部交通组织由多条可供游人游憩的生态绿道构成
绿心的保护与利用	注重生态修复、景观提升,遵循生态优先、适当留白的原则,保护生态资源的同时,设置风景区与配套公共服务设施
绿心规划中存在的问题	道路交通未连接顺畅,公共交通建设水平较低,景点可达性较弱,同时功能亮点单一,未与周边区域形成互动

资料来源:作者根据资料整理。

2.5
研究评述

2.5.1 历史街区城市设计理论的不足

1）国外历史街区城市设计理论的不足

西方国家历史街区的城市设计理论研究起步较早，从19世纪开始就有许多学者提出相关理论。但是受到时代背景和发展水平的限制，西方历史街区的城市设计手法研究理论还存在一定的不足。霍华德作为最早提出城市设计理论的学者之一，虽然他的"田园城市"模式可以在一定程度上改善当时工业革命对历史城区造成的环境破坏，但是受空想社会主义的影响，这一理论不具有落地实施性；虽然《雅典宪章》作为功能理性主义的代表，提出的城市设计手法具有一定的现实意义，对城市的历史遗产和环境也有所考虑，但是其对功能分区和公共交通的看法非常片面，对人际交往和公众参与的考虑也严重不足；后现代主义建筑思潮考虑到了历史街区中的人性化设计因素，但是对于街区的整体风貌的探索略有欠缺；凯文·林奇提出的对城市空间进行分区和形体环境的设计有一定的可操作性，但是过于强调形式感和标志性，造成空间的破碎化，对城市空间的交流性和安全性产生了较大的障碍；柯林·罗从哲学、经济学、社会学、人类学、政治学等方面对历史街区的设计进行了宏大的描述，但是对具体的实施手法等却分析较少。

2）国内历史街区城市设计理论的不足

国内的历史街区保护与更新的研究起步较晚，基于城市设计手法的研究在国内还处于经验总结的初级阶段。总体而言，随着国家对文化和历史方面日益重视，历史街区城市设计的方法也早已成为我国相关行业的研究热点，但纵观我国的历史街区保护与更新的历程，却发现我国历史街区的破坏速度远比保护的速度快得多，与西方发达国家相比有较大差距，由此可见，我国关于历史街区保护的理论和实践都有较大的不足，存在较多问题。此外，我国关于历史城区城市设计的理论，整体来说，比较笼统和片面，没有形成完整的系统。例如吴良镛先生对历史街区改造的六点看法和刘宛所提出的历史街区城市设计应遵循的四个原则，总的来说，给历史街区的城市设计指出了一个总的方向，告诉我们对历史街区进行保护的城市设计应该做什么，但没有回答具体应该怎么做的问题，对实践的指导较少。

王建国和阮仪三教授提出的将历史街区分层面、分类型地进行设计对我国历史街区的改造起到了较好的理论指导作用，但是没有从全局的角度考虑对街区历史和人文的存续；仲德崑从对传统街区空间构成的分析着手，对空间的结构、尺度、肌理等的城市设计提出了非常多有价值的看法，对建筑的功能等也有一定的研究；朱小雷将地域文化层面与物质层面的历史街区城市设计方法相结合，在历史街区如何进行特色文化存续、人性尺度、街区居民生活方式、人口变迁等方面的研究较为深入，但他们对街区中最重要的历史建筑和空间景观整治的研究较少。

虽然这些理论都不同程度地促进了我国历史街区的改造和进步，但是总的来说，对历史街区的改造和设计都显得较为片面，而事实上，历史街区是一个非常复杂的系统，对历史街区的城市设计应该贯穿于从上至下的各个阶段，需要从多方面来进行全面考虑。因此，目前来看，关于我国历史街区城市设计的理论研究还存在较多的问题。

2.5.2 历史街区城市设计实践中存在的问题

现阶段国内历史街区的城市设计在规划设计与具体实施方面都还存在许多问

题。段进在《城市空间发展论》中指出，城市空间发展的各个阶段都离不开城市设计的参与，而在我国，城市设计普遍被放在详细规划阶段，在城市规划与建筑设计中起到起承转合的连接作用，这种理论和相应的方法不利于城市设计发挥应有的作用，在历史街区保护的城市设计中表现尤为明显。历史街区的城市设计不是单纯的美学问题，它牵扯到政策、交通、空间、历史、文化、生活等许多方面。

许多地方政府，特别是在不发达地区，由于资金不足，对历史街区或旧城区不重视、不利用，没有提供具体而有力的政策扶持，对其没有投入足够的资金，不闻不问，使这些街区缺少基本维护，环境越来越差，建筑老旧，基础设施落后。随着街区居住环境的日益恶劣，精美的民居院落变成大杂院，消防、卫生、排水等方面的安全隐患越来越大，原住民纷纷逃离，致使街区的日常机能日渐衰退，失去往日的活力。

目前我国历史街区的城市设计主要存在以下几个问题。

1) 大规模拆建对历史街区破坏严重

目前，我国许多城市采用的大拆大建的建设方式对我国历史街区造成了很大的破坏。虽然我国在城市建设上取得了举世瞩目的巨大成就，但是许多城市的历史街区为了提高政绩，使城市面貌快速改善，大规模修建基础设施，进行房地产开发等目的，不顾后果地拆除历史建筑和街区，大肆拆除老建筑，使历史街区面目全非，老城肌理完全消失，致使我国历史文化财产遭受巨大损失，对比十几年来的卫星影像图令人触目惊心（图2-5），而这种方式一直到现在也还被广泛采用。

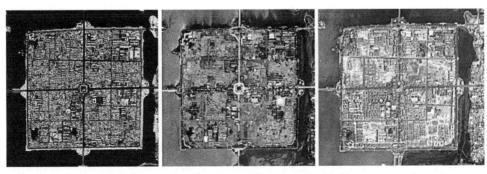

图2-5　山东省聊城市2006年、2011年、2016年历史城区卫星影像图
图片来源：Google地图

2）缺乏整体风貌的协调统一

目前，我国对历史街区的城市设计很多都缺乏全局性、整体性的眼光，没有将其放到整个城市的层面，而是将其与城市的大环境分离开。另外，规划的主体单位多种多样，政府、开发商、企业等均从自己的利益出发对街区作出规划考虑。由于历史街区大都处于城市的老中心区，地理位置相对较好，土地也比较昂贵，开发商一般都会为了使利润达到最大化，对地块进行高强度的建设，致使历史街区在城市中显得比较突兀，形成城市整体风貌中格格不入的一座孤岛。例如武汉市中山大道历史街区内，各种风貌的建筑交织错落，西洋风的建筑与现代风格的建筑穿插建设，某些历史建筑在整体环境中显得较为孤立。

3）缺乏对空间场所感的营造

目前我国历史街区的城市设计大多忽视街区空间和场所感的营造而偏重于物质层面的设计。历史街区的城市设计不是简单的形体排列组合，更重要的是要处理居民、行人、历史文化、城市传统等与空间场所之间的关系。我国历史街区内的许多历史建筑在中华人民共和国成立后都变成了私有财产，而这些在街区中的居民或单位都根据自身使用需求纷纷将历史建筑拆除、改建、加建，造成了历史街区原有空间格局的严重破坏。在后来历史街区的改造中，也都将重点放在建筑的改造上，而欠缺对其中的人性化空间和场所感的营造。

4）历史街区特色消失

历史街区变得千城一面也是我国历史街区的城市设计中存在的一个很大问题，由于经济的快速发展，开发商和政府为了使建设快速出成果，于是大量复制粘贴建筑体块，根本没有考虑当地的风土人情和历史文化，也没有对建筑特色进行研究分析，就直接套用其他比较成功的街区的形式，加上缺乏有效导则的指导，不少城市在改造更新的过程中，使用相同的材料、一样的招牌，例如塑胶灯箱、店招等，导致很多城市的特色建筑淹没在各类低俗的广告牌中。而每个历史街区的特色都是独一无二的，不能被其他街区简单地复制和克隆，只有深度挖掘当地文化才能使街区风貌特色更加明显。

5）历史街区城市功能衰退

历史街区城市功能的衰退是我国旧城改造中面临的严峻问题。随着城市新区的建设，历史街区内的一些传统功能逐渐向外部转移，加上街区的内部环境与建筑空间不能满足现代功能，导致街区的城市功能逐渐衰退。例如道路交通无法满足机动车和人行需求；街区内缺少足够的停车设施；街区建筑老化严重；商业以小型低端零售为主，业态落后；建筑的空间结构无法满足现代人的生活、商业、娱乐、办公需求；许多街区的原住民逃离老街区，把房子出租用以从事低端工作，导致街区的生活网络被破坏，居住功能被置换；加上历史街区自身条件的限制，缺乏足够的公共服务设施，如社区交流空间、休闲场地、健身场所等，这些不足使历史街区在城市中越来越像一个孤岛，与现代城区的隔阂越来越深。

6）对建筑的设计方法过于简单

我国当前历史街区的城市设计针对建筑的设计方法较为简单。许多街区只对建筑的外立面进行维修翻新，却对内部的环境不管不问。我国历史街区中许多建筑年久失修，老化严重，墙体剥落，管道设施破损或根本没有，屋顶构件残破，基础设施跟不上城市发展的需求，加上许多居民为满足一己私欲对历史建筑乱拆乱建、搭棚建架，造成了对建筑的进一步破坏。目前我国对历史街区的设计主要是对表面的修补，或是从形式上模仿，没有把握历史建筑的真正价值精髓，许多历史建筑的改造根本没有从当地的地域特色、历史文化出发，而是简单地复制粘贴其他项目的建筑，导致许多历史街区变得千篇一律，完全失去了历史街区原有的历史氛围和文化气息。

7）市场化、商业化过于严重

由于市场经济的发展，许多历史文化名城在旧城更新和街区改造中引入地产商、企业等进行综合商业开发，个别街区的开发取得了一定的成功，吸引了一定的客流，但是大部分商业开发为了迎合市场和游客的口味，打着对历史街区进行商业开发的旗号，大手笔、大规模地拆建，将原来留存的历史遗迹或周边的历史建筑拆除，拆真建假，建设了大量的"假古董"街区，在原来历史厚重的街区中用千篇一律、毫无特色的仿古建筑模块进行填充，变成拙劣的复制品，缺乏历史底蕴的街区仿若完全没有灵魂的躯壳。自1980年北京琉璃厂在改造中采用"拆真建假"的方法快速见效后，全国各地都开始投机取巧地使用这一模式，如开封的宋街、清明上河园，山海关古街区，黄山汤口历史街区等。

还有一部分城市受利益的驱使，不顾历史城市的整体风貌，在文物古迹周边进行超大规模、超大尺度的仿古建设。在缺乏确凿历史依据的情况下，对消失多年的古迹或古城、古镇进行大规模重建，而忽略了对城市的山水环境、整体格局、风貌和肌理的保护和延续，只重视物质遗产，不重视非物质文化遗产和城市文化建设，或是在历史城区周边建设大量不和谐的大型建筑、超高层建筑，完全破坏了古城的天际线和风貌。

2.5.3 生态绿心保护规划理论的不足

1）国外生态绿心保护与规划理论的不足

西方国家对生态绿心相关理论的研究起步较早，19世纪末就已经有学者提出了生态绿心概念雏形。但是受到时代背景的限制及以发展为主的思想的影响，西方对于生态绿心相关理论的研究仍然有着不足之处。霍华德的"田园城市"理论虽然提出了"生态绿心"概念的雏形，但是其对城市发展模式的构想受空想社会主义的影响，显得过于理想化，难以在实际规划与建设中得到实现；沙里宁的有机疏散理论则注重对城市功能的疏解，对生态绿心在缓解城市压力、扩展城市空间方面有着积极的指导意义，但是其在生态环境的保护与利用方面有不足之处；特罗尔的景观生态学理论考虑到了生态绿心在城市中的生态环境保护功能，将生态绿心作为城市最核心的生态斑块，但其只注重生态绿心的生态功能与生态效益，缺乏对生态绿心其他功能的重视。

2）国内生态绿心保护与规划理论的不足

国内学者对生态绿心相关理论的研究起步较晚，对生态绿心保护与规划的研究还不够深入。随着我国城市化进程的加快，一系列与城市生态和城市文化相关的"城市病"问题出现，使得国家对于生态绿心的保护与规划有了新的认识。生态绿心作为城市绿地系统规划中重要的组成部分，其价值不言而喻，而在我国城市建设与发展的过程中，生态绿心等城市绿色空间遭到严重的破坏，对其保护缺乏足够的意识与行之有效的措施，与西方国家相比略有差距。从理论层面来看，生态绿心的保护与规划方面未能形成完整的理论体系，现有的研究与理论也存在一定的局限性。国内最先提出生态绿心概念的黄光宇教授认为生态绿心作为城市结构的重要部分，是城市功能与城市发展的分隔带，需要在保护生态环境的同时将其建设成为永久性森林公园，其关于保护的部分是值得肯定的，但是黄教授未提及生态绿心的文化价值与其他功能；一部分学者对生态绿心的认知只停留在其生态价值上，对其保护与规划也只注重生态保护与建设，片面地理解了生态绿心对于城市的价值。

2.5.4　生态绿心保护规划实践中存在的问题

原先的生态绿心地区是以传统乡村区域和自然生态区域为本底的，而如今的生态绿心地区已经向城市文化与生态功能区过渡了，在如此巨大的变迁中，生态绿心内部的社会结构发生了改变，原住民的生产、生活空间也在进行着重组与变化，不同的村庄与地区因其自身条件的差异而在城镇化的进程中发生着不同的改变。随着城市的发展，"城市病"日益严重，生态绿心也受到了影响。

国内外生态绿心的保护与规划实践，以保护自然资源、制定生态红线、引入城市功能为主，往往以城市的发展为目标导向，将生态绿心作为城市空间的补充，随意迁并村庄、安置乡村居民、规划过境交通，但却未能对生态绿心内原住民的自身需求给予重视，忽视了原住民对生态绿心地区发展的主体作用，造成了一系列的生态与社会问题，如生态环境恶化、特色风貌缺失、土地资源侵占、配套设施不足、就业岗位失衡、生态补充与管理机制欠缺。

1）生态环境恶化，山水格局破坏

在城市化的初期，经济发展迅速，但同时也破坏了城市的生态环境。生态绿心作为城市生态环境的核心，受到了工业化带来的冲击。工业废水肆意排放，污染了生态绿心的河流水系；矿产资源的无度开采，破坏了生态绿心的山体格局；山林资源的过度砍伐，影响了森林树木的循环生长；农药化肥的不当使用，削弱了农田土地的丰沃与富足。生态绿心的生态环境恶化严重，其自身的净化能力也在不断下降，山水格局遭到破坏，原住民的生活品质也受到了影响。

2）生态与城市综合效益不平衡

国内外的生态绿心规划与实践大都片面地突出生态或是城市开发中的一个侧面，通常只作消极保护处理，禁止开发；或是完全开发建设，忽视生态与文化保护。生态绿心的保护与规划需要统筹考虑生态与城市利益的关系，两者相辅相成，不能重生态轻城市，或重建设轻自然。只有均衡统筹生态与城市的综合效益，处理好城市发展动力与生态环境容量的关系，才能形成良性互动的城乡格局。

3）土地资源侵占严重，特色风貌遭到破坏

城市的扩张与发展，导致了城市生态空间的萎缩，生态绿心作为城市生态空间的核心，受到了来自各方面的影响与破坏。城市的建设，向生态绿心周边无序蔓延，侵占了生态绿心的土地资源；过境交通的随意穿越，既占用了宝贵的农田耕地，又影响了绿心地区优良的乡村风貌，同时也对绿心造成了形态上的割裂与阻断，破坏了绿心的整体性与协调性，使得绿心内部支离破碎。

4）基础设施和公共服务设施不足

生态绿心内存在较多的乡村地区，因为城乡发展的不平衡，导致了其基础设施与公共服务设施的供给不足，影响了原住民的生活质量。生态绿心与城市的交通联系往往仅依赖单一的道路，而生态绿心内部道路等级混乱，可达性较差，限制了生态绿心的对外联系。

5）劳动力析出，整体活力下降

生态绿心的主体是乡村地区，就业岗位失衡，大量青壮年劳动力外出就业，造成了生态绿心的村庄空心化。绿心内的产业低端，发展水平较差，需要进行转型与升级。人口的流失也造成了生态绿心文脉延续的困境，传统文化与民间习俗受到冲击，文化凋敝，活力丧失。

6）规划内容不适应当前城市需求

生态绿心的规划常被简化为单一的保护规划，在快速发展的今天，其规划内容已经不适应当前的城市需求，新的绿心规划需要突破传统思想的限制，在保护优先的前提下，向更加复杂多元变化，增加适应当前城市发展需求的内容，缓解"城市病"，做到与时俱进。

7）法律保障不健全，管理机制不完善

成熟的生态绿心规划虽然考虑了较多的因素，构建了较完整的生态绿心保护与发展路径，但是在后续的实施与监管层面却因为种种原因而不能按照规划进行，如果没有健全的法律保障与有效的补偿机制，绿心的保护与规划会为各方利益让步，失去规划的意义。同时，生态绿心大多有着复杂的行政区划构成，其规划、建设以及监管分属于多个城区或镇区，各利益主体之间很难协调统一，需要建立新的机构统筹管理生态绿心各项事宜，完善管理与监督机制。

2.5.5 "城市双修"理念作为城市设计手法与城市规划指导思想的补充

通过对国内外关于城市设计手法的理论与案例的分析发现目前还存在许多不足和问题。虽然许多理论都分别对空间、建筑、交通、风貌等提出了自己的观点，对历史街区的城市设计有一定的指导作用和借鉴意义，推动了历史街区城市设计方法的发展，但是总的来说都没有形成完整的网络体系。另外，受时代的限制，以前的许多理论在当时是符合社会的实际需求的，但是随着时代的发展，城市和历史街区中出现的问题越来越多，当时的理论在现代城市中可能并不一定适用。因此，关于历史街区城市设计方法的理论也要随着时代的发展不断地更新。在具体实践的时候，各开发主体从自己的利益出发，并没有从根本上对街区产生保护的意识。许多地方政府为了政绩等，需要对城市面貌快速更新，对街区进行大规模的粗放的拆建，造成古街传统风貌的严重破坏，或是发展新城区，建设大量高楼大厦、宽阔的街道等，却对历史街区的环境风貌、基础设施、建筑质量等不闻不问，造成老城区的衰落破败；还有部分城市只在街区的局部对某些文保单位或建筑进行点

式的改造，对历史街区的整体环境根本没有质的提升和改善；还有许多历史街区的改造中引入开发商和企业，致使许多历史街区变成了彻底的商业街、餐饮酒吧街等，将街区的原住民外迁，使街区失去了原有历史的生活气息和文化氛围。总的来说，造成了历史街区破坏严重，风貌、肌理不统一，老街与新城不协调，街区传统尺度、空间感丧失，历史街区日常功能衰退，街区无法满足现代城市发展需求，街区地域文化特色消失等诸多问题。由于目前的城市设计理论和实践都存在一定的问题，在此背景下，需要一个更完备的理论对城市设计的手法进行更全面的指导。

"城市修补"这一全新理念的适时提出，正好可以有效地解决这些问题。"修"是从宏观的层面，在整体上实现对历史街区的历史遗存的继承、城市地域特色的凸显、居民日常生活功能的保证、街区传统文化的存续、风貌肌理的修复；"补"是从具象的层面，通过分析街区的现实问题及未来发展方向和定位，对街区的交通系统、建筑质量、景观空间、功能业态等进行全面又有针对性的织补。"修"和"补"两种方式可以对之前提到的当今历史街区改造中出现的那些问题进行有效的补充和改进。"修"与"补"两者是相辅相成、互相作用的关系，缺一不可，在"修""补"共同的指导下才能更好地促进历史街区的全面复兴。

通过对国内外生态绿心相关理论和实践案例进行分析与研究，可以发现生态绿心保护与规划的相关指导理论仍有其不足之处。尽管过去的经典理论对生态绿心的保护与规划在其生态、文化、功能等方面都有着较为科学的指导意义，也对生态绿心的保护与规划产生了积极的影响，但是都有其局限性，缺乏系统性。除此之外，以前的理论受限于当时的时代背景，主要是以解决当时的城市问题为前提而提出的，但是随着城市的发展，新的问题不断涌现，原先的理论或许适用于当时的时代，对现在的城市问题却不一定适用，因此，对于生态绿心保护与规划的指导理论也需要不断地更新与发展。在实践过程中，因为相关利益群体的不同诉求，绿心在城市建设过程中并没有真正得到保护。许多城市为了得到更多的建设空间而对生态绿心的空间进行了侵蚀，城市道路或过境交通在生态绿心内部随意穿越，绿心内的村庄消失，文物与历史遗存遭到破坏，生态环境恶化，原始风貌丧失。由于目前的生态绿心保护与规划的理论指导与实践都存在着问题，因此需要一个更加全面的理论指导绿心的保护与规划。

　　"城市双修"理论的应用，是为了应对生态绿心保护与规划中所出现的问题。"城市双修"不是单一方面的生态功能或城市功能的"修缮"，而是对城市的物质和非物质环境同时进行改进和完善，对现有城市存在的问题，有针对性地在空间、经济、社会、设施、生态等多方面进行提升，促进城市规划建设理念的转变，实现城市转型发展的目的。"修"代表的是渐进式、小尺度的模式，是对以往推倒重来或大规模更新的规划手法的改进，"城市双修"是对生态功能与城市功能的平衡处理，两者之间同步地动态推进，互相影响与促进。因此，"城市双修"理念是对于生态绿心保护与规划指导思想的有效补充。

目 本章小结

本章主要就与"城市双修"、城市设计以及生态绿心密切相关的理论进行研究与梳理。在"城市双修"相关理论方面，研究了城市触媒理论、拼贴城市理论、生态城市理论；在城市设计方面，研究了有机更新理论、嵌入式城市设计理论、新陈代谢理论；在生态绿心相关理论方面，研究了"田园城市"理论、有机疏散理论、景观生态学理论，并阐述了相关理论在实际应用中的内涵，为"城市双修"理念下的城市设计手法与规划策略提供理论支撑。

同时，针对历史街区与生态绿心两个研究对象，选取国内外的实践案例进行了对比分析与研究，总结其中可借鉴的经验，同时提炼出理论与实践中的共性问题，并分析了"城市双修"理念对于历史街区城市设计与生态绿心规划的指导意义，为接下来的章节提供了思路与方法。

第 3 章

以"城市双修"为指引的
历史街区城市设计手法研究

3.1
"城市双修"理念在历史街区城市设计中的适用性分析

"城市双修"理念主要是小尺度、渐进式的有机更新，以修为主，强调通过对原有环境的低干扰来解决"城市病"。"城市修补"实际上是对城市空间环境的微更新，比起大拆大建，"细微之处见真章"反而是一种更合适的城市更新模式。"城市双修"对指导历史街区的修补与修复具有宏观把控的作用，通过对历史街区进行系统的指导与修补，来解决历史街区环境品质下降、空间秩序混乱等问题，进而提升城市活力、传承历史文化、塑造地域特色、引导城市的可持续发展。

3.1.1 "城市双修"理念在历史街区城市设计中的侧重点

1）以居民渴求为衡量标准

历史街区因传统的工业发展而引起了空气、土壤、水体等的环境污染问题，迫使历史街区中的高层次、有能力的人群向郊区等环境优质的区域迁移，使得城市历史街区人口结构低层次化，且较低的吸引力也造成了片区人口结构的老龄化。老旧建筑、市政水平低下等物质设施的缺失使得这种问题更加严重。最终，城市历史街区的发展陷入人才、资源两缺的境地。历史街区的居民对生境（生产环境、生活环境）的渴求越发强烈。"城市双修"引导下的历史街区更新，首先应当权衡区域内居民的切实利益，确保以"生态修复"手段还原良好的生态环境，以城市修补的手段，促进居住品质的提升，用社会修复的措施，保障居民的合法权益，进而构建具有归属感的人文社区。

2）"整体系统与局部重点"相结合

"城市双修"理念下的历史街区更新首先应注重"全局发展"，以全局化的视野梳理现阶段亟需解决的重点和难点问题，确保所引导的每一步工作均能"对症下药"；同时，需注重"局部重点"的建设，集中关键力量确保突出问题的解决，促进核心区的建设，发挥示范作用与各要素之间的联系，最终确保策略实施的"整体系统与局部重点"相结合。

3）加强功能重组、空间再塑

城市空间再塑需从营建良好的人居环境的视角出发，对城市空间构成要素进行合理的规划和控制，逐步解决历史街区内以景观风貌损毁、建筑破败等现象为主的空间问题，以此塑造出具备历史积淀与当地特色的美丽历史街区。

由于历史街区更新是存量规划的产物，应在有限的发展空间中把城市"做精、做细、做优"，促进各项基础设施综合承载能力的进一步提升。可适当地建立综合管廊试点，引进先进的技术支撑；建立便捷的交通网络，促进历史街区与周边区域的可达性的提升；建立健全现有的公共服务体系，在各方面适当增加资金投入，合理匹配相应的配套设施，促进城市功能升级。

4）注重新旧结合、古今兼用

历史街区是一个不断演变和成长的有机综合体，大量的历史遗存与后期规划的产物交融表现着新思想和旧思想相互碰撞、传统文明和现代文明的共存。

首先应该尊重历史形态，不能为了满足现代需求（商业、旅游、居住、消防等方面）对其进行拆除新建，要维持原有的形态，因为这些都是经过漫长的历史积淀的城市文化遗存，如果改变了这种形态，原有"市井气息"也就消失了，同时，在植入新的公共空间的建设过程中，应将其作为设计方向的重要指引，以实现在城市空间风貌中的协调。充分利用历史元素，以艺术的手法进行再现，打造出凝聚着乡愁、保存着历史鲜活气息的历史街区。

3.1.2 "城市双修"理念在历史街区城市设计中的适用性

历史街区的功能定位需要在原有城市功能特色的基础上进行更新，使改造后的区域能够适应城市未来的发展趋势。因此，在建设中合理利用城市中遗留下来的空隙空间，提高土地的利用率，修复城市的空间结构、城市肌理、轮廓天际线、城市色彩等方面，使城市保留特有的历史风貌，区别于其他城市，保存个性。倡导执行"修补城市功能计划"，即对原有的功能进行深入分析，提炼富有个性和文化内涵的功能特色，并结合现阶段我国发展的时代性，提出适合激发城市活力的功能定位，修补已经不适于当下发展的城市功能。在规划中，树立一种动态的、全局的审视观，以此来确定城市功能特色，做到个性寓于共性之中，延续地方特色和文化气息。通过功能置换，对其中一定范围内的建筑业态功能进行适应未来发展的替换。城市中的老城区一般以居住型建筑为主，同时伴有行政办公、商业休闲等公共建筑。随着时代的变迁，现有的建筑功能不能满足当代人的需求，在此情况下，对区域内重要的能体现城市特色但又破败的功能场所进行重塑，考虑到文脉延续，可在原有建筑功能的基础上进行微调整。

1）实施策略相匹配

在"城市双修"理念的引导下，用小尺度、渐进式的手段，可高效、合理利用历史街区原有的资源储备，让片区走向集约发展之路。历史街区拥有一定的历史积淀，蕴含的历史文化资源相对丰厚，具有先天优势，对历史街区内存量用地进行挖掘与整合，辅助以再开发与修复，符合存量更新背景下城市历史街区发展转型的趋势。

2）发展与保护相协调

运用"城市双修"理念指导历史街区功能修补，逐步促进新老城区的协调发展，有利于城郊地区的高效联结。在历史街区中植入合理的功能，配置相应基础设施，构建并织补交通与公共安全网络体系，以此提升城市历史街区的效率，使其具有更加完备的功能配套设施。

3）更新诉求相一致

在"生态修复"与"城市修补"的指引下，倡导营造良好的生态环境与生活环境，提高人们的生活品质。因为一方面"生态修复"理念要求历史街区重视生态破坏的现象，并运用一定的技术手段和政策支持来改善支离破碎的环境状态，可见"生态修复"对历史街区生态与景观的修复提升工作具有一定的指导意义；另一方面，"城市双修"理念越发重视对生产环境与生活环境的提升与改善，如"城市双修"的第一个试点城市——三亚就提出了包括"绿化景观"在内的"城市修补"工作六大战役，均对历史街区生态环境塑造提供了指导意义。

3.2
历史街区城市设计目标与原则

3.2.1 历史街区城市设计的目标

1）恢复历史街区场地水生态

历史街区内部由于市政设施缺乏，降雨时雨水径流会夹杂着大量的悬浮物，既会破坏街区的整体环境，也会污染雨水的质量。通过建立完善的雨水循环利用体系，实现一定降雨量内雨水不外排，降雨能够储存、净化、再利用的目标，同时，恢复历史街区开发前的水文生态特征，减轻城市暴雨时的排洪泄洪压力。

2）提升历史街区绿化率

许多低影响开发设施和技术能够与景观设施和技术完美融合，因此利用在街巷和院落内布置低影响开发设施的机会，可以完善街道内的绿化体系，既可实现低影响开发更新历史街区的目标，又可改善街巷的景观生态环境。

3）小尺度渐进修补与修复

通过对原有的历史街区进行调整、完善，在原有的基础上增加新的要素。对原有历史街区的建筑进行修缮并定期保护养育，是修补的最保守的方式，比较适合生态敏感区、核心历史建筑群等。强化要素特色，是修补中较为简单的方式，比较适合独具特色的具有差异性的元素的彰显。同时，根据史料的记载来进行建筑物的还原、恢复和地块复兴等，适用于毁坏程度较高但是文

化价值较大的历史建筑等。在对建筑进行全面普查和评估的基础上，对历史街区和
市场进行调研分析，找准市场需求和街区发展方向，可以通过置换，保留原有的物
质空间形式，结合时代需求，进行功能的拓展和替换。例如改造为设计工作室、画
廊、创意产业基地等，或是拆除原有的物质空间，借助遗存的文化特征，替换符合
原有要素特征的构筑物或者广场，为新的空间注入新的使用功能，产生新的空间性
质，使街区得到活化和有机更新。

4）完善修补网络

完善修补网络系统指的是对修补的要素进行整合、统一，不需要大改大动，只
需要在原有修补的基础上对缺失的环节进行补充、修补。对要素之间的断点进行修
补时，可以延续原有的修补方式，也可以对不合理的修补点采用具有创新性的修补
方式，从而使得整个历史街区的修补形成一个有机统一的整体。

3.2.2 历史街区城市设计的原则

1）整体性原则

历史街区是城市大集合中的一个元素，因此在更新时应统筹考虑全局，以综合性
的思维，结合城市每个时期的发展特征和目标定位，对公共空间进行有机更新。在加
强整体性设计思路和明确发展目标的指导下，系统梳理历史街区中公共空间各部分要
素的现存状况，发掘当下存在的实际问题，并在建筑、景观、市政等多方的共同协作
中，提出修补和修复的策略，更系统、全面地为历史街区更新工作提供有力支撑。

2）渐进式原则

结合"城市双修"的特点，对公共空间的更新提出长期、分阶段改造的计划，
按照"近期治乱增绿、中期更新提升、远期增光添彩"的顺序，渐进式、分阶段地
指引公共空间的建设。其中，前期对城市整体风貌进行整治，如拆除违法乱建的建
筑、修复城市绿地；中期完善城市功能、修补交通系统、提升生态环境、延续城市
文脉；远期则是针对特定的问题或是重点的区域，对它进行长期性、持续性的跟踪
和维护，不断地对其进行完善和发展。

3）传承性原则

党的十九大报告明确提出："文化兴国运兴,文化强民族强。没有高度的文化自信,没有文化的繁荣兴盛,就没有中华民族伟大复兴。"现存的历史街区是长期人工创造的物质环境的积淀,也是将不同时期的文化代代传承的结果,它作为城市文脉的载体拥有着悠久的历史文化。因此,城市的微更新对城市文脉的传承具有重要意义。以"城市双修"为背景的改造,其更重要的价值理念是倡导在原有城市的结构中融入当下时代的特有元素,使城市做到"继往开来"。在文脉形成与传承的过程中会受到人本主义理念的影响,其核心是人,因此,在关注文脉延续、崇尚科学技术的同时,也应注重以人为本的思想,从提升人民的幸福指数出发,营造让人愉快、理想的城市公共空间。

4）生态优化原则

要遵循自然与城市自身发展的规律,在规划建设前期,需建立生态理念,以生态优先的原则,划分城市空间布局,确立并谨遵生态保护红线,促进对自然资源、文化遗址的保护与维修。运用小尺度更新织补的手法,逐渐修复历史街区内破损严重的自然环境,逐步提升历史街区内部及周边的生态环境品质;大力拆除违规建筑物、构筑物,促进历史街区功能设施的更新以及对空间环境、景观风貌的保护,避免"边修补边破坏"的行为。在更新过程中,对一些生态价值或文化价值尚存的地段,要避免全盘否定或整体留存,须在充分考察与分析的基础上,有选择、有针对性地保留、维护文化特色尚存的建筑与生态优美的景观地带。在城市历史街区建设改造各阶段,遵循生态优化原则,采取从优性建设思路,才可促进生态地段、历史地段的形象再塑及价值提升。

5）多元化原则

历史街区是一个"多元融合"的有机体,由多功能、多人群、多建筑共同构成,组建方式也是多维度、多层次的。然而,多元化的历史街区构建并不意味着历史街区更新必须"大而全",而是对扎根于历史街区的独特资源合理地进行要素融合,坚持多元要素、多重手法、多方参与的原则,提升历史街区居民的能动性与话语权。鼓励全社会力量参与到"城市双修"的工作中,为"城市双修"奉献力量,让"城市双修"的成果遍及历史街区的各个要素。

3.3
整体风貌肌理的设计手法分析

　　"城市修补"理念下的历史街区的城市设计应该具有整体观和全局观。历史街区不是单独存在于城市的个体，它与城市中的各个部分都有着密不可分的联系，历史街区的风貌、肌理、空间、环境等都对整个城市有着深刻的影响，因此，在进行历史街区的城市设计时，不只需要关注街区的物质因素，更要对整个街区的风貌肌理等作整体把控。

3.3.1　风貌肌理的和谐统一

　　城市肌理是记录城市各时期发展的DNA，城市发展延续的各个时期内的建筑、空间的形式和排列方式都可以在其中反映出来。城市的肌理决定了各功能区的纹理和密度，是历史街区整体形态结构最直观的体现，也是历史街区风貌特征最重要的因素。从宏观的角度看，历史街区的空间肌理由街巷、河流等划分出来。从微观的角度看，历史街区的空间肌理就是建筑体块的聚集方式。

　　这些城市的肌底关系图可以清晰地反映出城市在漫长的发展过程中呈现的结构和状态，由此来分析城市的发展历程。城市的肌理主要分为两种类型：均质型和异质型（图3-1）。均质型的城市肌理多出现在地势较平坦的城市中，结构规整、有秩序，街区面积相仿，呈排列组合的方块形式；而异质型的城市肌理多出现在地势起伏较大、受地形影响较大的城市中，空间结构较为凌

乱、破碎，地块面积没有规
律性，路网、街区形状较为
自由。

而在我国，历史街区也
分为两种不同类型：一种是
中国古代的传统历史文化街
区。在古代，城市形态的总
体变化较为缓慢，受城墙和
护城河的限制，城市的建设

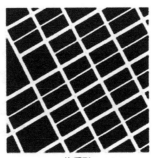
均质型

异质型

图3-1 均质型与异质型城市肌理
图片来源：作者根据城市地图自绘。

只能在封闭的里坊内演化，特别是北方的以四合院为代表的方格式更为明显，白居
易的"百千家似围棋局，十二街如种菜畦"诗句深刻地说明了这种现象。另外，南方
地区的历史文化街区，如福州的三坊七巷、抚州的文昌里、成都的文殊坊等，虽然
它们并不是传统意义上的里坊制街区，但是在肌理上却带有里坊制的印记，街区由
一进院落为基本单元，不断拼贴、组合，不断生长扩充。由数栋房屋围合成院落，
若干院落组合成街区，若干街区组合成一个里坊。这些街区中中国古典气息浓厚，
绝大多数的建筑是传统民居，公共类的宗教建筑，如教堂、神庙等和较少的大型集
散空间，以中国古建筑木结构为主，单体普遍体量小，城市空间肌理由有机生长在
街区中的民居决定。另外，中国古代城市受中央集权思想的影响，城市一般由古代
的官府等集中兴建，官府衙署建在中轴线上，其他建筑左右对称布置，使城市空间
的肌理匀质，大多属于同质型街区。而另一种是类似上海市外滩、青岛市中山路街
区、天津市和平路和五大道街区、汉口中山大道街区等，被西方殖民、开辟过租界
的历史街区，这种街区的空间肌理与欧洲老城区较为相似，空间较为破碎，路网密
度较大，宽度较小，功能组织较为随意，多属于异质型街区。

在我国多年的城市建设中，现代的道路与建筑越来越多，历史街区早已淹没在
大量的现代化建设中，历史街区的道路较细且密集，现代城区的道路宽阔而稀疏，
现代城市的建筑高大且风格现代，而历史街的建筑大都古朴而体量较小，因此，
通过"城市修补"的方法，将历史街区整体风貌与周边环境统一（图3-2），将道路
肌理与周边地区的道路衔接，全面协调城市的整体风貌。

类别		生成机制	肌理要素	肌理原型	
中国传统街区		封建社会、以里坊制度为基础，划分空间单元，以院落为基本要素，通过阵列、组合、拼贴形成棋盘式布局		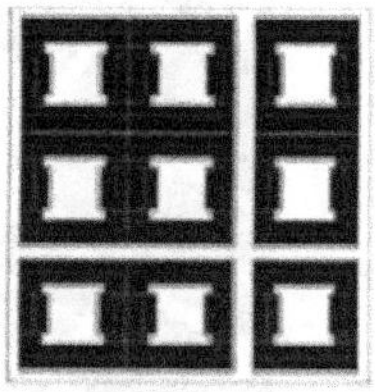	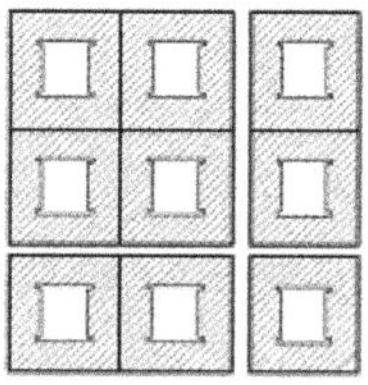
			 中原民居	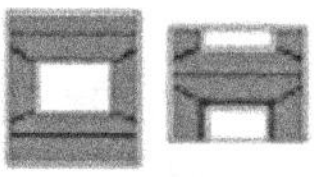 江南民居	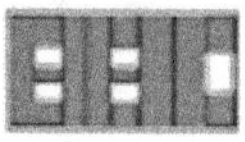  广西民居 藏族民居  高台民居
租界街区	上海，里弄	被强占时期，欧洲的联排式住宅本土化后形成的建筑形态，如上海的"里弄"、武汉的"里分"和青岛的"里院"等		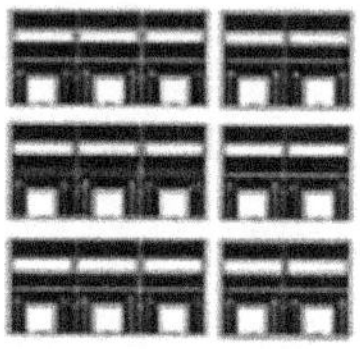	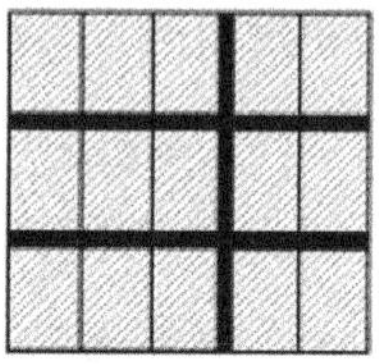
	武汉，里分			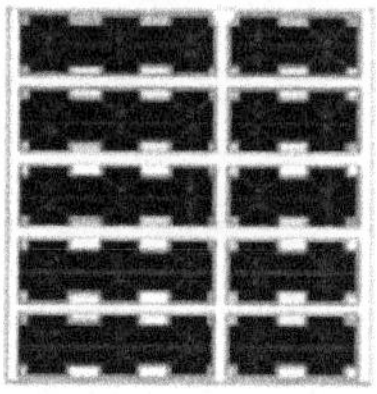	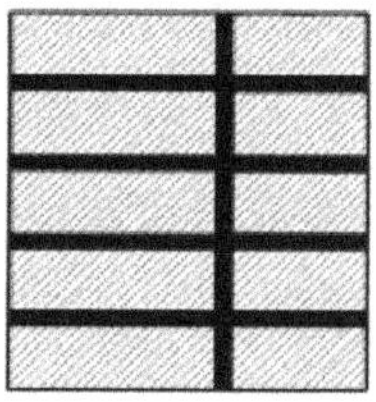
	青岛，里院		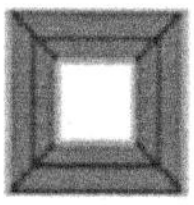		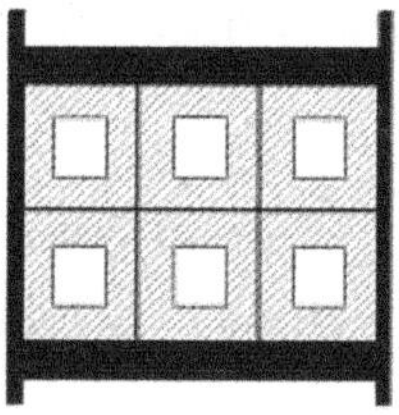
苏联大院		"一五"时期的苏联援建，将"社会主义城市的"建设模式复制到中国，形成一个个形式主义鲜明的内向的"大街坊"	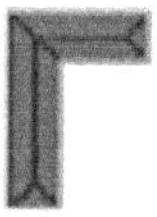	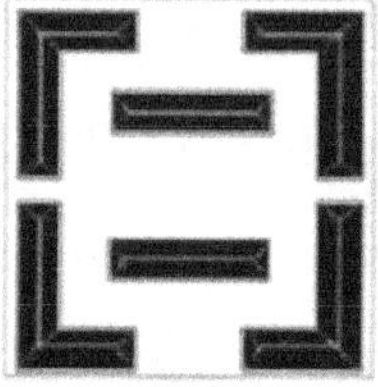	

图3-2 历史街区肌理分类图

资料来源：何依，邓巍. 历史街区建筑肌理的原型与类型研究［J］. 城市规划2014（8）：57-62.

3.3.2　建筑风貌的协调

历史街区的建筑应与街区整体风貌和肌理相协调,用"修补"的方式对其进行整体改造。吴良镛先生说历史街区就像一件长期穿着的绣花衣裳,破了就要修补,但是必须要有针对性,哪里破了就补哪里,并且还要按照衣服原有的纹路和颜色来补,这样,衣服补好之后,即使它已成了"百衲衣",也不影响使用功能。历史街区的城市设计也应该遵照这个原则,在历史街区中发现不合理的建筑之后,顺应街区的风貌和肌理将新建建筑自然地插入街区,既不影响街区的整体风貌,也不影响街区的运营,并且新旧建筑还可以形成丰富多彩的风貌。

都江堰二王庙历史街区的改造是关于历史街区建筑风貌保护的典型负面案例。二王庙是都江堰世界文化遗产的重要组成部分,是为了纪念都江堰的设计者李冰父子而建的,始建于南北朝时期,是四川著名的旅游胜地。庙前的街区原本有许多风貌格局良好的高低错落的新旧古民居群,虽然含有部分非历史建筑,但是都因地势而建,风貌良好,肌理独特,它们是二王庙街区历史环境的重要组成部分,充分体现了二王庙街区曾经的历史功能和环境风貌。可惜在后来的改造中,大部分建筑都被拆光,改建成了大量的仿古商业街和停车场、景观草坪等。虽然对寺庙周边的环境和游人的停车交通等有所改善,但是造成了二王庙历史街区的整体格局风貌的严重破坏,导致历史气息基本消失。

3.3.3　街区尺度感的连续

历史街区应该保持尺度感的连续。尺度感的连续既包括建筑的尺度,也包括街道的尺度。尺度的连续指整条街区内建筑之间的空间尺度、街巷之间的空间尺度和环境之间的空间尺度相互协调,使整个路段的建筑红线之间的宽度与两侧建筑外墙高度的比值达到和谐和统一,不出现突然加宽或者变细的区段,这对行走的舒适感的营造非常重要。这一方法要求控制建筑体量、界面宽度、建筑高度、建筑退线、街道宽度等,使街道的尺度达到连续和协调。

"城市修补"下的历史街区氛围的延续需要以人性化的标准来进行设计。芦原义信认为人最舒适的视角范围只有站立之后的60°范围,45°以内可以看清视野中的细节，超过60°就会产生不适感（图3-3）。
因此，他认为最佳的街道空间尺度是
1：1，即街道宽度与两侧建筑高度相等，
此时，人在街道中活动有围合的安全感，
又不会感觉压迫。如重庆、香港等有名的
摩天城市，街道的高宽比远大于1：1，因
此行人处在其中会有闭塞感，如北京、西
安等城市街道的高宽比小于1：1，行人在
其中行走会觉得空间非常开阔，空间的围
合感较弱。

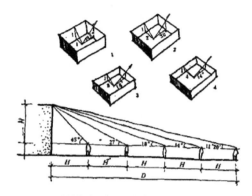

图3-3　建筑与街道的高宽比设计
图片来源：作者根据芦原义信《街道的美学》自绘

　　一般来说，历史街区的街巷空间高宽比都在1：1左右。那个年代没有机动车或
机动车较少，因此当时街巷和建筑的空间尺度都是以人的体验感为主建造的。但是
具体情况视当地气候、地域环境、功能区位等各项因素的制约而不同。例如北方地
区的街巷相对南方地区的宽阔，因此北方地区街巷空间的高宽比比南方地区要小，
而商业性街道多比生活性街道宽，因此，商业性街道的高宽比也相对较小。在进行
保护设计时，街巷路面尽可能在保证行人舒适感的前提下进行改造。巴黎对于历史
城区的街巷空间尺度的控制采用最大高度限制法，颁布法规对沿街建筑的高度作出
明确规定，使街区内的建筑完全处于合理的尺度范围内，并且不能随意改变街道的
宽度。在法国工业革命之后几百年的发展中，虽然进行了多次改造和建设，但是一
直遵守该法规来执行，从现在的实际效果来看，这一规定有效保证了巴黎街道的宜
人尺度和巴黎老城区的城市风貌。

　　在中国的历史街区改造中，经常会为了现代的需求而肆意改变建筑之间的宽度
和街道尺度。虽然可以使游人的通行更加顺畅，但是往往会造成历史街区中传统的
尺度感和空间感被削弱。因此，在"城市修补"理念下对空间尺度的处理需尊重历史
空间尺度的延续性。

3.4
空间设计的手法分析

历史文化街区的城市设计包括许多方面，但归根结底要通过空间形态设计来具体优化、深化和落实。"城市修补"理念下的城市设计则是根据街区中的公共空间和建筑之间的空间关系及城市物质实体与外部环境的关系来进行设计，营造宜人的城市空间。

3.4.1　营造空间领域感

扬·盖尔在《交往与空间》中指出："空间的使用者更倾向于在稍微隐蔽的空间和物质环境的细微处寻求支持物，即使在完全开敞的空间，也青睐那些有领域感的场所。"街区的建筑物、广场、公共绿化构成街区的内部物质空间，归根结底，街区内部有让每个人觉得有归属感的领域，行人才会愿意在此驻留活动。"城市修补"理念下对空间领域感的塑造，需要从空间环境、空间尺度、空间中的城市家具等入手，注重传统文化在空间中的体现，塑造让人具有归属感和领域感的空间。

3.4.2　展示城市特色文化

"城市修补"理念指引下的城市设计应该让历史文化重新回到公共空间并在此集中展现出来。历史街区的公共空间是当地进行传统民俗活动和集会的最集中的地区，是历史街区展现当地历史文化、地域特色最直观的地方。因此，在"城市修补"理念的指引下进行城市设计需要充分挖掘当地的人文历史资源或是当地特色的传统活动，将城市中曾经出现过的著名历史事件、人物、活动植入空间中，创造有特色的文化空间。空间内只有融入城市的文化才能成为更有活力的场所。另外，还要考虑到居民的现实生活方式，考虑到空间中传统文脉的延续。克利尔兄弟认为，在城市设计中应该重新认识城市中的传统公共空间，延续公共空间的千年历史，传承城市的文化，将城市的传统空间模式和当代的现实需求兼顾起来。如广州上下九每年元宵节的灯会、南京秦淮河街区两岸的花灯、东京浅草桥夏季盛大的花火大会、巴黎埃菲尔铁塔的跨年庆典，每个活动都是这个城市中极富特色的城市人文景观，而这些活动的空间也是充分体现城市特色、承载城市中这些记忆的场所。

3.4.3　塑造人性化空间

归根结底，人才是空间的使用者，因此，在"修补"理念下，从人的体验感出发才是最重要的原则。人是空间内最重要的主体，空间内的其他因素如景观小品、植被绿化、娱乐活动等都只是令其更加宜人的辅助因素，因此把空间做得更符合人的习惯，使空间更好地满足人的心理需求、视觉需求、情感需求、环境需求，是历史街区内空间设计的重要原则。

3.5
景观生态环境的修复手法分析

历史文化街区景观与环境的修补更新应遵循以人为本的原则，给街区营造一个宜人优美的空间。目前我国许多历史文化街区中的街道家具都存在数量少、摆放乱、位置随意等问题。街道中景观环境、设施的布局设计等应根据行人在公共空间中活动的习惯、规律、心理、审美等进行合理安排，创造一个宜人优美的景观空间。另外，景观环境修补还需要尊重街区的整体环境，对景观尺度、树种配置、色彩、材质、形式等合理部署，在不破坏街区整体风貌的前提下，创造标志性的、可识别的空间景观环境，提升城市环境和历史街区的街道魅力。

3.5.1 街道绿化设计

历史街区受现实条件的限制，街道普遍较窄，因此，街区内部的绿地、树木一般较少。之前，有的城市为了现代城市功能，将历史街区两边的几十年树龄的行道树砍掉，造成了街区绿化的严重不足。因此，在"城市修补"理念指引下的街道绿化设计，需要大力提高历史街区的绿化率。在可以拓宽人行道或者建设中心绿化隔离带的街道，种植树冠较大的行道树，如樟树、榕树、法国梧桐等，在无法拓宽的街道，利用盆景组合、建筑立面绿化、垂挂植物等与建筑结合起来营造良好的绿化环境。重视对街头小型绿地空间的营造，使街道五步一小景、十步一大景。古树名木等是体现历史街区底蕴和厚重感的重要因素，因此还需要对历史街区内现有的古树名木等进行保留或移植。

3.5.2　街道照明设计

历史文化街区的街道照明应该与街区的整体氛围、建筑的单体风格相协调，并根据明暗度形成光线层次感。目前，许多历史文化街区的夜景照明方法单一、光线混乱、色彩杂乱，充斥着大量色彩饱和度高的荧光色LED灯管或直接使用日光灯等，致使照明破坏了历史街区的风貌。在"城市修补"理念的指引下，街道照明设计必须在统筹整个街区风格的基础上，将夜景照明的亮度进行分级，形成分层管理，如巷道等行人较少的地方采用最低的照明亮度系数1，局部景观环境等的亮度系数为1.2~1.5，需要突出的重点建筑物、构筑物、环境要素的亮度系数可达到1.5~2，而人群集散、公共活动的广场空间等的亮度系数可以设置在2以上。对于建筑等的照明，需要让灯光突出建筑轮廓，体现建筑的精美细部，可以将光线投射到建筑上，但是要将光源隐藏。

3.5.3　街道家具设计

历史街区的街道家具应选择符合街区定位和历史文化的样式，并对摆放位置和距离进行规范。中国古典历史文化街区中，街道座椅一般为灰、黑等厚重的颜色，并多选择木材、石材桌椅。而在西洋式的街区中，则可以采用铁、木等材料，并附有西洋式的花纹等，还需要在表面进行防水、防尘的处理。另外，需要保证300m左右就可以找到座位，在公交站点、广场绿地等处则需布置更多。对路灯、电话亭等的选择同理。需要结合周边历史环境选择样式，让街道家具充分体现街区的历史文化氛围和城市特色。目前，我国历史街区的市政设施等条件较为恶劣，许多街区雨污横流，脏乱差现象严重，因此对街道的市政设施等也需要进行处理。如垃圾箱需要放置在便于行人使用的位置，并且根据街区的具体人流量对放置的距离和密度进行具体规定；对排水管网进行维修升级，对排水口低调处理，使其与地面铺装相协调，不影响街道环境；对路边的电信箱、电杆最好采用地下埋设管道等方式，无法埋设的用与街区风貌协调的材料等将其围住，不让市政设施影响街区的整体景观，维持街区的环境风貌。

3.5.4　路面铺装设计

　　历史街区内路面铺装的图案、材质、色彩等应与街道的整体风貌、建筑风格等相协调，铺装的尺寸也应该与建筑、空间的尺度相适应。不能在宽阔的广场采用细碎的铺地，在细小的街头采用大面积的砖块等。在西洋式的街区内一般采用灰蓝色的花岗石等，与两侧砖石结构的西洋建筑相得益彰，体现街区的厚重感。中国风的历史街区的街巷中常采用青石、方砖、卵石等，体现街区的历史古朴感。另外，具体材质还需与街道的等级相适应。如主干道一般采用沥青、石板等材质，而小巷弄一般使用较为传统或能体现当地传统文化的材质，某些街区甚至使用瓦片、红砖等作为街巷的铺地材料，也一定程度上体现了街区的独特文化。另外，历史街区的路面铺装还应该具有较好的透水性，使街区在雨季不至于产生渍水影响街区景观环境。

3.6
道路交通的修补手法分析

历史街区现有的道路系统早已无法满足当前社会的交通需求。对于历史街区来说，如果既要容纳高密度的人流和高强度的建设，又不对交通和停车造成障碍，只能减少机动车的流量，因此需要大力发展街区的公共交通。而公共交通将大量的人群带到历史街区之后，对步行空间的要求也会增加，因此需要完善步行系统，满足大量的停车需求，另外还需要加强历史街区与周边城市道路的衔接。

3.6.1 加强公共交通系统的建设

在"城市修补"理念的指引下，对历史街区中公共交通系统的改造主要有三种方式。

首先是在街区的中心地带设置公共交通集散中心。例如巴黎在旧城的公共交通改造中，将旧城中心的圣拉扎尔车站改造成区域内的公共轨道交通的换乘枢纽，将七条地铁线的换乘全部转入地下，有效缓解了地上的人流交通压力。另外，还将车站周边的公交车站全部移到车站中来统一管理，将公交、轨道交通的乘客在该处统一集散。

其次是在街区和站内规划合理的交通流线，使行人可以迅速通过并到达目的地。东京的涩谷站是全世界最繁忙的车站之一，每天的人流量可以达到200万人次，如此巨大的人潮却没有造成拥堵，这离不开涩谷站对区域交通流线的改造。涩谷作为东京的商业中心已经上百年，历史悠久。它也是周边的原宿、表参道、代官山等商业区的步行网络的连接点和中心，外来的游客基本都是先到涩谷然后再去往各个区域，但是另一方面，由于246国道和JR线把城市分割开来，并造成了站内结构的分割，使车站内部流线变得非常复杂，由此导致了许多问题。为了解决这个问题，在地上部分，涩谷站对主要站台和周边联系紧密的步行交通网络进行强化，对车站北部东西向的宫益坂到道玄坂之间的路段进行整治，使之成了便捷、宜人的步行空间。另外，由于涩谷地势低平，因此站台与地面的高差较大，例如八公改札口在地上四层，要出站却只能坐电梯到一层，为了实现流畅的无障碍动线，在二层至四层的地面强化无障碍设施通道，构建无障碍步行系统。另外，由于东横线的相互直通运营化和地下化，使得地下的铁路线更为拥挤，因而还对地下的步行网络空间进行了整治。经过对地面、站内、地下等的步行网络的整治，使涩谷站周边形成了一个多层交织的步行网络体系。

最后是建设地下轨道交通系统。轨道交通是城市中运载力最大的交通方式，但是这种方式一般只适宜在大城市的旧城中心区。根据相关研究，人均GDP达到3000美元以上后可以建设轻轨，人均GDP达到4000美元以上时才适宜建设地铁交通。随着我国经济的高速发展，许多城市的人均GDP早已超过这个水平，已经陆续建设了地下轨道交通系统，可以在不破坏现状建筑和风貌的同时又给老城区带来大量的人流，为历史街区的复兴带来一定的帮助。

3.6.2 改善步行交通系统

完善历史街区的步行交通系统可以有效改善旧城中心的环境质量，提高道路通行效率。历史街区的道路密集，街巷空间有限，建筑间距较小，可供拓宽的地方并不多，因此必须对现有的步行系统进行完善，不能简单地对单条道路进行设计，而对周边其他的步行空间置之不理，应该将历史街区内所有的步行道路和公共空间编织成连续的网络才能有效缓解历史街区的交通问题。扬·盖尔通过比较分析12座城市旧城区的步行网络，总结发现国际上公认的宜居城市的步行街道长度都较长且完整，并且与景观绿地和广场等结合交织为一个完整的步行空间。例如哥本哈根，从1960年代开始就一直奉行步行交通为主的政策，在此后的30年中，城市中的步行空间面积增加了近6倍，从15800m²增加到96000m²左右（图3-4），步行街道的总长度和密度也大幅提高，与之串联的景观空间也越来越多。在增加步行道的同时，对其街道的绿化环境也同步进行提升，使单调的人行道变成了环境优美宜人的林荫道。

香榭丽舍大街的步行空间是欧洲最成熟的公共空间改造案例之一。香榭丽舍大街与东京银座、纽约第五大道并称世界三大繁华街区，是来巴黎的游客必到之地，街道东西向横跨巴黎中心，总长1800m，两侧名胜古迹、高级商业等数不胜数。由于城市化的快速发展，香榭丽舍大街一度街道形象非常混乱，机动车占用人行道、人车混行、行走不便的情况屡见不鲜。为了营造更好的购物和游览体验、塑造更好的城市面貌，街区于2000年左右开始进行改造。首先将道路两侧的停车道取消，多出来的4hm²面积全部拓宽为人行道，保留街道的双向8车道。至此，香榭丽舍大道的人行道宽度从12m增加到了24m，使用灰蓝色的花岗石铺设人行道路面，形成了沉稳、宁静的街道氛围。在拓宽的人行道上再栽种两排高大的梧桐树，使人行道上有了四排街区景观树木，变成了环境优美的林荫大道。街道的步行空间与东部协和广场的大草坪和西侧的戴高乐广场相连接，构成了香榭丽舍街区优美宜人的景观环境。

另外，在发展街区步行网络的同时，还要充分考虑网络中人流集散的因素，如交通节点、停车场、公交车站点、出租车停靠点等对于步行空间的影响。应建设外围停车场，合理设置乘车站点等，及时疏解、集散人流，使街区的人行系统更加完善。

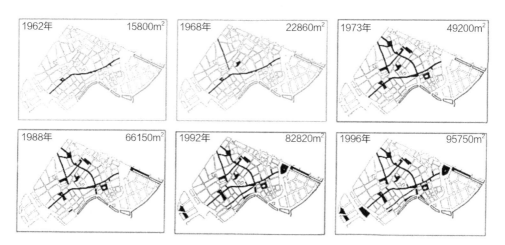

图3-4 哥本哈根城市步行网络的形成过程

图片来源：扬·盖尔. 交往与空间［M］. 何人可，译. 北京：中国建筑工业出版社，2002.

3.6.3 完善区域道路网络体系

历史街区与新城区的路网形式、肌理等都有所不同。历史街区的道路一般窄且密集，而新城区的道路一般宽阔而稀疏，两者直接难免会出现断头路、丁字路等。因此需要把街区放到整个区域甚至整个城市中来进行道路交通网络体系的设计，对道路的形式、断面等进行协调，对公交车专用道、车行道等进行调整，对衔接不畅的路口、断头路等进行修补。

交通系统的改造离不开对支路路网的利用。目前，对历史街区中的支路的利用十分不足，大部分城市都会选择拆除建筑拓宽道路的手法来解决老城区的交通问题，然而，道路拓宽后，交通流量会越来越大，容量不久后又会达到饱和，造成恶性循环。在限制中心区车流的前提下，充分利用支路是保持旧城中心区空间尺度，缓解交通压力，促进公交与步行结合的有效方式。德国柏林中心区的大多数道路都很窄，但是道路密度达到22.8%，其中3/4是限速30km/h的城市支路，虽然车流量很大，但是类似毛细血管的路网有效地疏解了区域的交通，因此，中心区内整体通行状况相对良好。因此，在对历史街区支路系统进行织补的时候，需要充分利用其中的街巷，通过分单双行道、限流、限速的方式来进行交通限制，使支路系统可以有效疏解人车。虽然可能会造成稍微绕路的现象，但是对街区的交通控制来说还是很有效的。另外，支路路网密集意味着沿街立面也更多，因此需要对支路的沿街立面合理利用，创造出更生动的城市面貌，打造城市的多样性，增加旧城中心区的活力。

3.6.4 保护传统道路界面

道路界面指道路投影在空间上的界面形状。历史街区的街巷大都比较自由曲折，像树枝或蛛网，由主路向街区延伸开来，或是随着地形的高低起伏变得蜿蜒曲折，出现许多台阶或坡地。这种不规则的形态创造了丰富的街景和多样的视角，因此，在"城市修补"理念指导下的城市设计中需要对这一特征进行保护和利用，不能只追求图纸和画面上的整体规则，而强行将传统街巷拉直、加宽，或是将坡道、台阶、洼地等粗暴地推平、填平以进行新的建设，造成街区风貌的破坏和传统空间界面的丧失。

3.7
建筑修补手法的分析

对一个历史街区来说，最直观的第一印象就是对街区建筑的感受。大部分历史街区的建筑的功能类型、保存状况、风貌特征等都不一样。在修补理念下的历史文化街区的城市设计要考虑街区内的文保单位的保护、具体建筑的改造、建筑与街道空间环境的融合。另外，历史街区一般有原住民生活，但一般民众对于历史建筑的保护观念不强，许多居民会根据自身需求随意改变建筑的结构，对建筑不断改建、扩建、加建、新建等。经过多年改造的建筑，可能已经叠加上许多新的元素，怎么将其变回原来的面貌，使老建筑适应现代功能，新建筑与传统风貌融合，延续街区的历史感？主要有以下几种方式。

3.7.1　建筑外立面的设计

建筑的外立面是街区风貌最直观的展现，目前国内历史街区的改造也多半是从建筑立面的改造开始的。历史街区的建筑沿着街道此起彼伏，形成了历史街区内的围合感和空间感，街道中行人视角范围内基本都是建筑外立面。因此，建筑外立面的设计是历史街区的改造中非常重要的部分，对建筑立面的材料、材质、颜色、式样等都要严格控制。如中国古典历史文化街区的建筑立面一般为木质结构且样式较质朴，因此，在改造历史街区的城市设计中，多使用木材等进行修复。如骑楼等西洋式建筑则多使用砖、石、灰等进行修复，且对建筑外立面的雕花、构件等要详细

修补，保持建筑的立面风貌。另外，对建筑物外立面的门窗、牌匾、店招的风格也
要进行规范，必须使用和建筑整体风格一致的样式。历史街区的空间由建筑围合而
成，这个空间的界面是行人主要的视线范围，建筑的外立面对行人的体验感、心理
等会产生较大影响，因此对建筑外立面的风格、材质、色彩以及门窗、招牌等都要
进行处理。另外，城市修补手法还需要对建筑的立面形态和高度等提出控制要求，
使街区整体天际线高低错落，而又不出现太突兀的建筑。如广州上下九步行街的城
市设计中，对建筑立面规定整体为骑楼风格，底层为商业，楼上为居住，采用方形
柱廊，柱网距离4m，建筑进深25m，建筑外墙颜色以浅黄色为主，屋顶采用黑色。

3.7.2　建筑的定位

在"城市修补"理念指引下的建筑定位应从整体空间出发，使老建筑的改造、新
建筑的建设都控制在一定的合理的地块范围之内。建筑的定位要根据其在街区中的
位置，使建筑与周边空间环境的关系和谐、合理。吴良镛先生在《以城市设计的观点
和方法推进历史文化地段的保护与发展》一文中说："历史街区中新建的建筑应充分
烘托原有地段的风貌，改善不和谐的景观环境，增加新的景观空间，提升历史街区
的绿化环境，保持旧城历史风貌的完整统一，通过对历史街区的城市设计加强建筑
与环境、建筑与空间、建筑与原有肌理之间的联系。"

3.7.3　建筑的功能置换

城市修补理念指引下的建筑设计还需要对历史街区中建筑的功能业态进行合理
的置换。历史街区的建筑一般以居住功能为主，其中穿插着一些公共建筑，如教
堂、宗祠、银行、行政办公建筑。随着时代的变迁，这些建筑已经无法满足现代生
活的需要，或者建筑原本的功能已经消失，如汉口租界的江汉关、金城银行、巡捕
房、花楼街，广州沙面的粤海关俱乐部、雪厂、领事馆，南阳内乡的县衙等。这些
建筑曾经的作用非常重要，具有一定的保护价值，因此可以将其保护起来作为博物
馆、展览馆。如武汉的江汉关被改造为海关博物馆，金城银行被改造为武汉市美术
馆，民众乐园由于历史上就是汉口的商业中心，因此被改造为商场；广州的旧法国

领事馆被改造成广州外事博物馆；河南南阳内乡县衙由于保存得非常完整，较为罕见，因而进行整体保护修复，变成了旅游景区。教堂、宗祠等建筑由于意义特殊，一般保持原有功能，如广州的石室圣心教堂，武汉的东正教堂、古德寺等。其他建筑如里分、民居等，因为内部空间较小，可能无法满足现代的功能需求，因此一般作为零售、居住等功能使用。

3.7.4 建筑结构和内部空间的修补

建筑一般都有特定的使用年限，随着时间的流逝，再精美的建筑也会逐年老化，建筑结构会被风雨腐蚀而变成危房，古老的结构和空间也可能无法满足现代的使用要求，因此需要对建筑的结构和内部空间进行修补，经研究总结，主要有以下三种方法：

1）局部增建、翻新

根据建筑功能置换后对空间结构的需求，在不影响建筑整体风貌的情况下，在建筑外部或院落中建造新的使用空间，或是对已经无法使用的残破建筑部分进行翻新，翻新的空间宜保持与建筑原有风格相统一。常用的建造手法有建造庭院构筑物、大堂、门厅、廊道等。另外，内部结构无法合理使用的建筑，如旧厂房、仓库等，这些建筑的层高较高，可以在内部加建楼梯、夹层等。

2）水平扩建

历史街区的建筑原本联系性不强，根据产权和功能的不同而自成体系，而在城市修补中，为了适应现代的使用需求，有时需要将两栋或者多栋建筑连接到一起，化零散为整体，变成一个完整的建筑群落，充分加强建筑功能与空间的联系。常见的改造手法有：建造连廊进行衔接；插入新建筑分别连接几栋建筑；将建筑院落相接，使独立的院落变成整体的围合空间。但是在扩建和改建的同时应该注意对原有建筑的风貌和结构的影响，保护老建筑免受损害。

3) 垂直增建

在不破坏建筑第五立面风貌的情况下,在建筑原有结构上加建顶棚、露台等。这种方式对建筑形式和结构的要求比较高,多出现在西洋街区、骑楼街区的改造中。我国传统历史街区中以木结构建筑为主,承重能力较差,且屋顶基本为坡屋顶,因此很少采用这种方式。

目 本章小结

　　本章对"城市双修"理念下的城市设计的一般手法进行了概述，从整体风貌肌理、建筑改造、交通组织、景观空间等方面对"城市双修"的理念下的城市设计进行了比较详细的分析与探讨。与下文的武汉市中山大道历史街区如何在"城市双修"的指引下进行城市设计——对应地进行实践的例证，从而对其他街区的改造提出借鉴。

第 4 章

以"城市双修"为指引的
生态绿心规划策略研究

4.1
"城市双修"理念在生态绿心规划上的适用性分析

"城市双修"理念是指导城市更新与规划的新思想，通过深入理解和分析"城市双修"理念在绿心保护与规划中的侧重点，探讨其在生态绿心空间格局保护与规划中的适用性。

4.1.1 "城市双修"理念在生态绿心规划上的侧重点

1）注重生态建设与城市建设的平衡

"城市双修"理念的提出，是为了平衡城市建设与生态建设的关系，构建生态与城市的和谐共生，促进城市的修补与生态的修复。生态绿心内部常出现重生态、轻城市或重建设、轻自然的现象，生态问题与城市问题突出，未能均衡统筹生态与城市的综合效益。合理运用"城市双修"理念，可以促进生态绿心规划中生态建设与城市建设的平衡，两者协调发展，共同进步。

2）促进转型与升级

"城市双修"理念注重新常态下城市空间的保护与发展，而生态绿心地区的本底是传统乡村区域和自然生态区域，面对如今的城市发展，绿心地区需要向城市文化与生态功能区过渡。生态绿心内部的社会结构需要发生改变，原住民的生产、生活空间也需要进行重组与变化，不同的村庄与地区因其自身条件的差异，需要具有针对性的规划指引。"城市双修"理念的介入，旨在促进生态绿心地区的转型与升级，通过生态修复改善城市的生态环境与绿色空间质量，通过城市修补促进产业升级与生活水平的提高。

3）塑造城市风貌与特色

"城市双修"是为了解决以往城市建设的粗放发展模式所造成的问题、探索城市内涵式发展的新模式所提出的理念。生态绿心虽然承载着水乡和历史文化基因，但同时也面临着村庄无序建设、环境品质下降、局部风貌破坏、特色丧失、村庄衰败、文化凋敝等问题。面对拥有良好基础与潜力的城市特色空间，"城市双修"理念的运用可以恢复生态绿心的风貌，挖掘其地域特色，重塑城市形象。

4.1.2 "城市双修"理念在生态绿心规划上的适用性

目前，"城市双修"理念的主要运用对象是问题突出的旧城区域以及环境遭到破坏的生态区域，关注的重点是城市的更新与再生，通过现有试点城市的实践可以看出，其工作的重点是城市存量空间的更新与规划。随着城乡一体化的不断深入，"城市双修"理念的应用可以继续深化与拓展，规划的对象并不局限于单一的城区或是生态区，而是两者复合存在的区域。生态绿心是融城市、乡村、自然为一体的绿色空间，其存在的问题更加复杂，保护与规划的需求更加强烈，而"城市双修"理念不仅可以解决生态绿心出现的问题，还为生态绿心的内涵式发展与治理提供了新的思路。针对生态绿心空间格局保护与规划的问题，可以梳理出"城市双修"理念对其的适用性与拓展。

1）规划目标具有一致性

"城市双修"的目标是达到生态的修复与城市的修补，并推动城市向内涵式发展转型。而生态绿心的突出问题就是生态环境恶化、各类设施欠缺、发展动力不足、监督管理机制失衡，生态绿心的保护与发展诉求与"城市双修"理念不谋而合，生态绿心问题的复杂程度也急需"城市双修"理念的指引。

2）符合生态与城市综合效益的平衡

"城市双修"强调保护与发展的同步进行，城市在发展经济与推动建设的同时，不能忽视生态环境容量对于发展的支撑作用，当城市环境与生态环境互相交融渗透，共同改善时，城市才能更好地进行建设与发展。生态绿心的保护与规划需要统筹考虑生态与城市利益的关系，两者相辅相成。"城市双修"理念统筹考虑生态与城市的综合效益，在城市发展动力与生态环境容量的关系方面寻求平衡，对生态绿心的空间格局保护与规划起到了积极的作用。

3）促进城乡一体化发展

"城市双修"理念对城市存量空间的更新与利用具有指导意义，同时也对城市建设起到调控与指导作用。一方面，城市建设侵占绿心资源，阻碍绿心内村庄的发展，导致城乡关系不平衡；另一方面，生态绿心内的生态要素与文化要素丰富，其生态价值与文化价值日益得到关注。"城市双修"的介入，可以合理谋划生态绿心的保护与发展，促进乡村地区与城市地区的协调共生，构建城乡一体化的新格局。

4）有利于完善管理保障机制

"城市双修"理念为城市的内涵式发展与治理提供了新的思路，其新的治理模式与思路对于生态绿心等城乡一体区域也同样适用。生态绿心的问题复杂多元，需要在保护与规划的过程中，尊重历史与环境基础，适度弹性地展开渐进式的修补与修复工作，"城市双修"也提倡多元主体的互助协作，有利于生态绿心治理水平的提升，为生态绿心保护与规划建立完善的管理保障机制。

4.2
生态绿心规划的目标与原则

4.2.1　生态绿心规划的目标

对生态绿心空间格局保护而言,其目标主要有以下几点。

1）恢复河流水系格局,优化城市空间形态

河流水系是生态绿心的基础,对河流水系水网结构的恢复与保护,是生态绿心保护的重点。同时,对于生态绿心的用地与边界,需要严格守住底线,避免因城市建设对生态绿心造成侵蚀,从而导致其空间格局的破坏与土地资源的浪费。生态绿心作为城市空间结构中的核心,联系着城市的各个组团,对其的保护可以优化城市空间格局,有助于多组团城市的发展。

2）重塑生境空间结构,保护城市生态资源

生态绿心是城市绿地系统的核心,是良好生态环境的保障。通过对生态绿心生态环境的改善,有助于降低城市热岛效应,提升城市环境的品质,对城市的气候环境产生积极影响。通过重塑动植物生境,可以丰富生物多样性,有效保护生态绿心的生态格局。保持生态与城市其他功能良好的互动关系,可以提高环境竞争力,促进生态城市的建设。

3）修复传统村落格局,再现传统村落风貌

生态绿心地区传统村落众多,亟待保护与利用。丰富的传统

建筑遗存是生态绿心历史价值的体现，对历史建筑与传统村落的保护有助于探索和研究城市的历史与变迁。同时，传统村落作为城市景观风貌的一部分，有利于彰显城市特色、展示城市文化，对其风貌的保护与修补显得尤为重要。

4）修补历史文化空间，延续生态绿心文脉

生态绿心地区承载着复杂而丰富的多元文化，也蕴含着无限的潜力。修补绿心的历史文化空间，传承和发扬绿心特有的水利文化、宗教文化、民俗文化，既可以延续绿心的历史与文脉，又可以构建城市文化展示的新平台，为未来城市的发展注入新的活力。

4.2.2　生态绿心规划的原则

1）保护为先原则

始终坚持保护为先的原则。生态绿心拥有良好的生态本底和丰富的物质与非物质价值要素，其空间格局的价值不言而喻。在城市建设过程中，生态绿心要时刻守住底线，当各种利益相互冲突时，优先考虑保护生态环境与自然、文化资源，不为一时的经济利益而妥协。

2）适度弹性原则

生态绿心空间格局的保护是一个长期的过程，无论是时间还是空间方面，都需要预留适度的弹性。生态绿心内的价值要素现状各不相同，空间格局保护方面需要有序进行。生态绿心内的自然环境的保护与恢复需要一定的时间，影响生态环境改善的因素也非常复杂，需要留有较大的弹性。对于生态绿心内的历史文化价值要素，并不是所有要素都具备成熟的保护与开发条件，在构建村落格局保护体系之初，需要预留足够的时间进行彻底的调查与研究，避免造成不必要的破坏。

3）多样性原则

生态绿心内有着丰富多元的价值要素，保护其多样性尤为重要。在生态方面，保护生态绿心的生物多样性，营造适合各种动植物生存的环境，优化生态格局；在

人文方面，保护文化的多样性，鼓励各种文化的交流融合；在风貌方面，保护建筑与景观的多样性，营造景观格局的多样性。

4）针对性原则

生态绿心有着复杂的构成要素，既是城市与乡村的共生，又是过去与未来的融合。对于其空间格局与价值要素的保护，需要做到有针对性、可适用性，避免出现生搬硬套，千篇一律。针对生态绿心不同的要素，需要合理地分析与研究其特征与现状，提出具有针对性的保护实施路径。

4.3
生态环境修复策略

4.3.1 水生态修复

对于水生态的规划与修复应该以整体河流水系为背景，对区域内的水网景观格局进行优化与整合，通过将城市中各种类型的生境景观统一为一个整体，提高整个生态的连续性，通过对河流水系内的断头河、阻挡河流的滨水建筑进行及时的修复调整，阻止水网景观呈破碎化的发展趋势，特别是优化防洪设施的布局建设，减少对河流廊道的阻隔，使作为基质的各类生活单元处于河流廊道与湿地的包围中，让居民最大限度地亲近大自然。在规划中，利用多部门的协同合作，采取多项措施和技术，将整个地区的河流水系与公园、苗圃、农田等纳入城市的水生态系统中，合理调整周边土地利用，实现河流水系中各类型的河、湖水系的相互沟通，实现城市整体水资源的优化配置、高效利用和有效保护。

河流廊道的宽度对河流自身生态功能的发挥有着重要的影响。尤其在人与环境矛盾突出的区段，宽度成为河流廊道功能得以有效发挥的主要制约。太窄的廊道，由于其易受自然及人为干扰而会对敏感物种不利，同时会降低廊道过滤污染物的能力。此外，廊道宽度还会在很大程度上影响产生边缘效应的地区，对河流廊道中物种的分布和迁移产生影响。在河流廊道构建上，往往选择一定宽度的地带作为河流的缓冲区，而实际上河流不同的位置对应着不同的环境状况，应以此确定不同的廊道宽度值。

4.3.2　绿地系统修复

通过构建平衡生态圈，修复绿地系统。在绿道系统的修复上，以满足游憩功能为主，形成以防护绿地为依托的道路。在维护的过程中，利用当地的特色植物，提高当地的文化特征和象征性，保护丰富的生物资源，保存自然程度较高和多样化良好的植被，营造出具有季节变化感和当地风情的空间氛围。对污染较大的企业进行腾退，对腾退用地进行生态修复，对剩余企业加大排污整治，推进清洁生产。

针对河流与周边城市绿地形成的生态网络，要重点考虑网络的网眼大小、廊道密度，尤其要对河流周边的绿化率、河流廊道周边的建筑密度进行指标上的量化研究，确定多少绿地面积可以满足区域的生态效益，对没有达到绿地要求的用地进行相应的置换调整处理，保证绿地系统的质量。

4.3.3　动植物生境修复

在对连通性进行考虑的同时，需要明确动植物生境的具体功能，将各类生物栖息地进行连通。大致可分为两种。①鱼类栖息地连通：保持河流上下游水体的连通。在河流上修筑拦河坝阻断连续水流，往往会影响到一些洄游鱼类的正常生长、繁殖，易造成坝上、坝下的遗传隔离和生物多样性的降低。对于这种情况，可在坝体补修鱼道，并辅助以生态及管理措施，帮助鱼类顺利通过水坝。②鸟类栖息地连通：由于河流廊道内的河漫滩被人类大量侵占而严重破碎化，大型鸟类的栖息地减少、连通性降低；交通廊道的大量修建带来声、光、尾气的污染，使鸟类栖息地质量下降。可通过将滨水空间内的绿地与周围绿地相连，保证与其他生态系统的栖息地的连通性。通过生态修复的手段带动城市发展，在各个生态系统之间建立联系，运用线型的河流廊道空间与周边潜在的绿地廊道空间相互交织，形成网络状结构，促进物种散布，为居民提供绿色舒适的步行体验。

4.4
物质环境修补策略

4.4.1　道路交通系统织补

疏通综合交通网络，提高通达性。对道路系统的修补，首先应在现有路网格局的基础上，对道路路网进行优先保护；在此基础上，结合道路网络的配置要求，根据道路的现状选择彻底打通道路，杜绝断头路、尽端路，提高路网的通畅性；在道路的织补过程中，可采取快、慢型交通并行的策略，采用多样化的交通形式，既提高了便捷性，又增强了可达性。同时，采取人车分行的道路模式，既还原了生态地区的景观风貌，又保护了生态地区的环境。

4.4.2　建筑风貌整治

建筑景观风貌作为城市特色物化的外在形态，可以突出展示城市风貌的独特性。这里有沉淀着文化记忆的历史建筑，也有风景优美的自然景观，都需要保护与修复。在"城市双修"理念的引导下，首先对现状进行细致深入的分析，提取一些有价值的空间进行修复，采取拆除、保留、改造与织补的手法，促进微观空间的塑造。

对各时期的典型建筑物予以保留，并对其外部环境和内部空间进行改造，实现历史符号的提取与应用，强调传统地段风貌的保护与发展的均衡，通过环境、建筑、设施和行为的引导，构建城市的特色空间风貌。采取整治、修缮的方式，对一些局部被破坏的历史地段予以整体性保留，仅对其中残存的陈旧部分进行修复，包括建筑物、构筑物以及规划用地中历史建筑的保护更新等。

4.4.3 公共基础设施修补

对公共服务设施的提升需坚持"配套设施先行先建"的原则，着力做好配套设施的提升完善工作。针对配套设施极度匮乏的区域，加大资金投入，以居民满意为导向，确保配套设施在规模上和质量上达到规定标准；依据相关规划标准，补足设施短板，进一步加强小学、社区卫生服务中心、图书馆等教育卫生文化设施的建设，同时推进社区公共服务中心（社区服务综合体）等社区级公共服务设施的营造，合理运用存量土地再造的方式实现功能配套的补足，并对内部各区块及周边区域的公共服务设施进行详细梳理与统计，用量化的方式，确定配套不合理的区域，并予以一定程度上的公共服务设施置换。

应注重基础设施的修复，在过去的城市建设中，在开发商和政府对自身利益的追求下，基础设施建设以高效快捷为目标，缺乏对人性需求的思考，导致了基础设施建设不足、承载力低、空间分布不均衡等问题。

因此，需要以居民满意为目标，加大城市基础设施修补的力度。织补过程中，需要充分尊重现有设施布局，以解决实际问题为出发点，通过局部优化的修补工作逐渐满足片区多元化的居民需求。对基础设施的修补，涉及方方面面的复杂工作。首先需深入实施道路整改工程，以此促进道路品质的提升，并进一步解决公共停车方面的问题，加大公共停车泊位建设力度，补足存量用地的停车缺口，释放公共泊车压力；在市政设施方面，推进消防站建设，完善变电站、加油加气站、垃圾转运站、充电桩和公厕、排水系统等市政基础设施的建设，促进地下管线的优化以及地下空间的开发。

4.5
人文历史修补策略

4.5.1　村落格局修复

村落格局由其中的物质与非物质空间形成，而院落一直是中国传统村落格局的精髓所在，其亦是构建乡村空间体系的一个基本的元素，庭院、围墙、影壁等元素，样样考究。院落这一个个细小的细胞构成了乡村丰富的肌理，也是地域文化特点的体现。

首先，对于院落的研究，应对当地的院落结构、类型进行研究总结，了解其组成的基本单元、空间生成、生长方式等，为对其进行保护、改造与更新提供翔实的基础资料支撑。例如在对海南岛荣堂村聚落进行空间形态分析时，笔者就院落的结构组成、院落的类型进行了详尽的分析。在村落格局修复方面，现今部分建筑忽略了"院落"这一乡村聚落的灵魂，应当根据场地地形条件及农户的生活需求，结合植物的栽植和建筑的布局，适当增加住宅的前后院，提高空间的丰富性与层次感，使乡村回归"院落生活"。院墙尺度过高或过长使公共空间显得狭小、压抑，应尺度宜人。此外，有时院落界面虚实处理不当，过实的界面使公共空间显得压抑、生硬。材质、轮廓和界面的虚实应有变化，既保证屋主的隐私性，又可满足路人适当的可视性，避免公共空间过于压抑、狭小。院落的设计，在色彩上，注重冷暖色调元素的运用等。

4.5.2　多元文化融合

在城市的发展与变迁中，形成了多元的文化，同时也形成了许多具有文物价值、情感价值的空间、图案和场景等。这是体现精神归属感的重要部分，因此要促进多元文化的融合，始终保持多元文化的"可提取"与"可记忆"。

"城市双修"试点城市已经将文化修补或文化复兴作为构建城市双修重要格局的关键一环。运用城市修补的理念，可以充分挖掘、提炼专属的文化符号，运用修补的手法，小规模、渐进式地对文化景观、建筑等进行修复，有利于保存原真性和独特性。力求将原汁原味的生活场景和符合现代生活习惯的生活模式相结合，营造熟悉且舒适的景观与空间。

4.5.3 历史要素修补

首先需重视对历史要素的保存、修补。历史要素是当地在漫长的发展过程中积淀的成果，我国有大量包括文物古迹、传统老街在内的历史要素从微观层面被保护并重新开发利用的优秀案例。从微观层面对历史要素进行修补与保存，更易激发居民的保护意识。历史要素的修补与保护工作需要从原有的单一点的保护扩散到面的保护，促使居民融入保护工作，并增强保护意识。部分地区还可以对传统的历史要素进行重塑，与现代文化产业互相融合，用古今交织的方式塑造出更有时代精神的文化资产，提升当地居民在营造过程中的文化认同。

同时，加强文化交流设施的营造、修补。由于历史要素涉及面十分广泛，既有有形资产，也包括无形资产，同时还囊括了大量的历史建筑、文化老街等。需采用修补植入的方法，植入以文化广场为主的公共空间，促进文化古迹与周边相关资产的相互联系，凸显历史文化的鲜明价值。加大对重要历史古迹、街道等场域环境的保护，又辅助以促进历史要素活化的经营和管理方法，以居民与民间组织作为核心动力来源，宣传、培养居民的文化保存理念，推动居民广泛参与，促进文化的活化利用。可在公共活动场所的营造中，修补文化基础设施，以社区中心、老年活动室、图书室等作为基本节点，联结为功能复合的活动中心，营造出服务各年龄层的共享活动场所，以此提高居民的公共交往频率，形成无形的和谐社会关系网络。除了对传统社会交往场所进行宏观修补外，还需发挥边角空间的可塑性，运用增添座椅、构建艺术小品等方式，打造出舒适且功能齐备的活力空间，为集会提供场所，使在地居民可以看得见"乡愁"，感受得到"场所精神"。

4.6
产业文脉复兴策略

4.6.1　文旅功能织补

　　完善交通网络，提升区位整体优势，逐步改变传统的乡村旅游模式，加快乡村旅游的转型、升级。积极开发与工农业发展相结合的乡村旅游文化产品，整合宗教历史文化、民俗文化、农耕文化、红色文化等特色物产和自然景观文化资源，开发新的旅游项目和旅游商品、纪念品。促进乡村旅游建设的结构性优化，在开展乡村旅游工作上形成合力，努力提升乡村旅游的档次和知名度。建议政府加大投入，多渠道扶持乡村文化旅游企业的发展。同时加大宣传、监管力度，全力营造乡村文化旅游发展的良好氛围。

4.6.2　社会网络织补

　　民风民俗是一个地区在发展演变过程中延续的精神遗留，体现在当地居民的互动方式上，形成了当地独特的社会网络。一方面，当今社会，发展过程中逐利于经济财富的增长，一些有基础的地段纷纷开始举办旅游经营活动，但鉴于经济敏感度与资源基础的差别加大了居民的贫富差距，处于不同经济地位的居民难以维系原有的单纯而朴实的人际关系，传统的社会网络也面临着损毁风险。另一方面，伴随社会居民物质条件的增长以及外来文化的侵入，人们开始追逐高水平的新鲜生活方式，传统民风民俗的地位也变得岌岌可危。

在生态地区的更新中，需发动管委会、社区的力量，用自下而上的方式推动民风民俗的保护。首先要对传统民风民俗予以物质层面的记录，并在行为上予以宣传和鼓励，支持传统交流活动的举办，以此促进原住民对民风民俗的继承，培养游人对原有社会网络的鲜活认知，逐步对社会网络进行织补。

4.6.3　多元产业植入

通过多元产业的植入，培育乡村游、生态游、观光游、休闲游、农事体验游等产品，开发农业农村生态资源和乡村民俗文化，促进农业产业链的延伸、价值链的提升、增收链的拓宽。

当下，农旅融合发展模式有四种，分别是以生态田园休闲为引领的开发模式、以特色农业集群为推动的开发模式、以特色乡村文化为吸引的开发模式、以乡村康养度假为支撑的开发模式。围绕多元产业的协同发展，推动乡村产业振兴，紧紧围绕发展现代农业，围绕农村一、二、三产业融合发展，构建乡村产业体系，实现产业兴旺。

4.7
治理体系完善策略

4.7.1　管理单元建立

　　村庄规划中的村民参与是实现村庄自治的一种重要手段。目前，乡村实施村庄自治的机构主要是村委会，而村委会的"双重角色"定位以及村委会的人员素质决定了其无法很好地承担起村民参与的组织者的职能。因此，有必要在村委会的基础上，建立起一个专业的村庄规划管理理事会机制。理事会成员主要是规划师、顾问专家、村干部、大学生村官以及村内学历相对较高的村民，代表村民行使村庄规划建设管理职能。理事会要定期召集村民商议村庄发展建设的问题，并至少每季度向村民代表会议汇报一次工作；同时还要负责协助技术部门制定和实施村庄规划，协调解决村庄规划实施中存在的有关问题和困难，并反映给规划管理部门。

4.7.2　基层机构共治

　　提升参与质量，引入非政府运作的专业中立组织机构，实现基层机构共治。公众参与能否最大限度地保障参与方（尤其是村民等社会弱势群体）的利益，是提升参与质量的重要因素。从发达国家公众参与规划的法律条例来看，非政府组织的介入是非常重要的，如美国的"特别小组、企业团体和居民顾问委员会"，德国的"公共管理部门和公共利益团体"，英国的"社会组织、市民团体"等。这些组织是由独立于行政组织之外、拥有一定的决策和管理权限、有相当规划知识的公众组成的团体，能综合多方意见并提出对规划富有建设性的意见。

在我国，公众参与的组织机关，一是上级政府，二是上级规划主管部门。前者作为管理者无法规避管理机构的权力欲望，后者虽然理论上从专业的角度力求公正有效地解决问题，但在实践中，其作为政府的行政机构依然以服从上级政府为首要标准，很难作为公众参与的中立组织机构。借鉴发达国家的公众参与经验，建议引入非政府运作的专业中立组织机构，协助政府、规划主管部门以及村庄规划团队进行公众参与的调查和数据模拟分析，同时扮演监督村庄规划的"第三方"角色，畅通村民的权益申诉渠道，保障公众参与的公平性。

4.7.3 助村制度建立

借鉴城市规划中的"顾问规划师制度"，建立村庄规划中的"助村规划师制度"，提高村委、村民的规划建设水平和意识。助村规划师应该从了解村庄发展情况、具备丰富的城乡规划经验的人中进行选拔，并由政府聘请，采用一年一聘的形式（可以续聘），政府定期对其进行培训和考评。助村规划师需及时去村里宣传、讲解村庄规划知识及相关政策，一般情况下，每两周主动下村一次，每月到村里讲课至少一次；同时还要负责村民和规划管理部门之间的协调沟通，代表村委对村庄建设项目的规划和设计方案向规划管理部门提出意见等。

将"规划工作坊"纳入村庄规划成果的法定审批程序，有利于从根本上推动村民的完全参与。"规划工作坊"活动极大地增强了村民对村庄规划的认同感，村委、村民和政府均对这种方式非常认可。从具体操作层面上讲，规划团队每次进村开展"规划工作坊"活动时，均要有至少一名规划管理部门的负责人陪同，同时规划师要详细记录村民提出的意见和建议，并在成果中以表格的形式整理"意见回应表"，待下次进村时交由村委盖章同意，最后这些表格应该以附件的形式，由专家和政府进行审查，若无此项则不予审批，从而真正实现工作坊活动的"法定程序化"。

目本章小结

本章对"城市双修"理念下的生态地区规划进行了一般策略的概述。从生态环境、物质环境、人文历史、文脉产业、治理体系等方面对"城市双修"理念下的规划策略进行了比较详细的分析与探讨。与下文的莆田生态绿心规划具体如何在"城市双修"的指引下进行规划策略的提出——对应地进行实践的例证，从而对其他生态地区规划提供借鉴。

第 5 章

基于"城市双修"理念的
武汉市中山大道历史街区
城市设计手法探索

5.1
汉口的城市发展历程与背景分析

5.1.1 萌芽期

明代以前，汉阳与汉口本为一体，自明代中叶起，汉水改道，将汉口与汉阳一分为二。加上长江对北岸汉口的冲击，使汉口沿江凹进，形成了天然良港。自此，这一带开始集聚各类商船，汉口最早的集市和商贸体系由此形成。明正德元年，武宗定汉口为湖广地区的漕粮口岸，由此汉口成为湖广地区的漕盐、粮食等的储运中心。嘉靖年间，汉口"八大行"兴起，汉口的沿江码头市场兴起，沿汉江自西向东形成了武胜庙、集家嘴、杨家口等八个大型的码头。到万历年间，汉口变成了中国最大的商业城市之一，但是由于汉口河流湖泊众多，地势低洼，一到多雨季节便经常发生洪涝灾害。于是，当时的府尹便下令在硚口至沿江一段修筑堤坝，也就是有名的袁公堤。长堤的修建有效地减少了汉口的水患，到清朝，借着漕运的基础和"九省通衢"的地理位置优势，手工业和商业也开始兴旺起来，汉口的经济进一步发展，城市范围也迅速扩大，清朝末期，汉口市域扩大到从硚口到沙包（今一元路）的范围。当时有天下"四大名镇"之说法，即佛山镇、景德镇、朱仙镇和汉口镇，汉口为四大名镇之首，可见其繁华程度。

5.1.2 发展期

第二次鸦片战争之后，汉口进入
快速发展期。清政府与资本主义列强
签订了不平等的《天津条约》，汉口被
开辟为沿长江的通商口岸。英国率先
在汉口的江汉路以北、合作路以南划
定租界，设立领事馆、巡捕房，修建
了一系列西式砖木结构的建筑作为住
宅和办公建筑（图5-1）。中日甲午战
争失败之后，正式开启了帝国主义列
强瓜分汉口的局面，日本、德国、美
国、俄国、法国等相继在汉口划定租

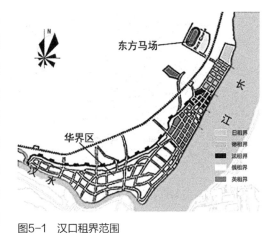

图5-1　汉口租界范围
资料来源：武汉书业公会. 实测汉口街道全图［Z］. 1920.

界和建设领事馆，法国、俄国的租界位于英租界以北，北至一元路，再往北分别是
德国和日本的租界，最北至黄浦路附近，其中英租界、德租界最大，分别达到六百
余亩。随着租界的发展，帝国主义列强不满足当前的范围，纷纷利用各种借口要求
扩大，最终，英租界向西扩展三百余亩，到江汉路为止，法租界扩展至京汉大道，
而日租界则向北扩张两百余亩，扩大至六百余亩。这一时期的建筑多为砖木结构，
形式较为简单，并且多受英租界的影响。

5.1.3 鼎盛期

随着京汉铁路的贯通，汉口成为内陆地区最大的水陆枢纽，江面上商船络绎不
绝，商贾云集，城市发展进入了鼎盛期。英、俄、法、德、日五国在此划定租界
后，美国、意大利、比利时、丹麦等国也相继在汉口划定租界，建立领事馆。鼎盛
时期的汉口租界达到近40个（图5-2）。随着各国对城市建设的需求越来越高，租界
的建设也进入了高潮。由于汉口租界都沿长江和京汉铁路中一个狭长的地段呈串联
状分布，互相毗邻，因此，虽然租界内部都是分别建设的，但是外部交通必须统一
考虑，从而整体上统一了租界的基本路网和格局。例如沿江多为大型公共建筑、银

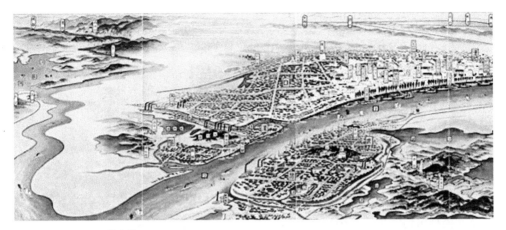

图5-2　汉口租界三维立体图
资料来源：长江网，http://zx.cjn.cn/wh/201204/t1782855.htm

行、领事馆、海关；沿中山大道和江汉路为商业区；其余地方建设大量内部里弄、住宅、医院、学校等生活功能建筑。租界区内部南北有3～5条纵向干道，东西有近30条横向道路，加上区块内部细小的巷道等，共同交织成了汉口租界区复杂的道路网络体系。

此时，建筑的建设也达到了高潮。根据20世纪50年代的统计，中山大道街区附近的优秀的近现代建筑有三百余座，包括横滨正金银行、太古银行、花旗银行、汇丰银行、日清洋行等众多金融机构和各国领事馆、江汉关等行政机构，以及花楼街、民众银行、马场等娱乐设施。由于国家众多，因而建筑风格各异，古罗马式、拜占庭式、哥特式、法国古典主义等各种建筑风格交融，形成了汉口独特的地域文化特征。这群建筑是我国半殖民地半封建社会的见证，可以反映出当时独特的历史形势，具有较高的艺术价值，需要对其妥善保存和利用。

5.2
汉口的空间结构演变过程

研究汉口的空间结构演变可以为武汉中山大道历史街区的城市设计挖掘出切实可行、因地制宜的思路。汉口独特的水陆条件、地理区位和开埠因素导致汉口必须对西方各国的外来文化兼容并蓄，并与汉口本土的码头文化相结合，从而导致汉口的地域特色、空间布局、城市风貌都出现了新的特征。

5.2.1　街巷格局的变化

汉口的开埠导致了城市街巷空间的变化。开埠前的汉口是沿汉水、长江形成的码头城市，城市中心主要集中在今汉正街一片。当时没有形成完整的空间体系，街道形态都没有经过统一的规划，呈现出较为随意的自然生长状态。随着汉口的开埠，西方城市建设思想涌入，西方资本主义国家开始对汉口的租界区进行统一的规划。从街巷空间形态来看，租界区内的道路由自由曲折的形式开始改变，各国沿长江建设有串联租界区的中山大道、沿江大道、京汉大道等南北向主干道，并穿插有数十条东西向横向道路，形成了较为规整的网格式形态。另外，由于机动车的出现和京汉铁路的开通，导致汉口的交通方式也有所变化，因此对道路进行了加宽，出现了主、次、支路等多层级的道路格局。

5.2.2　空间形态的发展

随着张之洞的督鄂兴汉、汉口的开埠、京汉铁路的通车、西方国家的涌入、外向型经济的发展，汉口的城市空间形态发生了很大的改变。从明代中期至汉口开埠前，汉口因漕运和传统工商业而兴起、发展，是典型的传统工商业城市。开埠以前，汉口的城市空间基本都沿汉水和袁公堤延伸，在今汉正街处形成城市中心，城市规模较小，空间形态较为不规则。这一时期的经济以内向型经济为主，因此，流经汉中平原、襄阳等较为兴盛之地的汉水的重要性非常高，这一阶段的空间形态受到沿汉江的堤防、排水、城市防御、水运等的影响较大。随着经济的发展，汉口的城市建设空间慢慢向长江沿岸发展，并以中山大道江汉路为核心，出现了圈层式的发展模式。

5.2.3　城市中心的转移

汉口的城市性质和城市功能的变化导致了城市中心的转移。开埠前的汉口是内陆地区最重要的港口和商贸城市之一，经济依托水运而发展，因此，当时的城市中心主要位于长江与汉水交汇处的今汉正街一带。随着汉口的开埠、租界的建立、铁路运输和公路运输的兴起，传统手工业经济转向外向型经济，汉口的经济中心也逐步转向长江沿岸，沿江的中山大道、江汉路、京汉火车站等取代汉正街成为汉口的城市中心。

5.3
中山大道历史街区发展潜质分析

中山大道历史街区主要指中山大道的一元路至武胜路4.7km 长的路段地区。2015年住房和城乡建设部和国家文物局将中山大 道历史街区列入第一批的30条全国历史文化街区。为了对中山大 道历史街区的城市设计手法进行更真实的研究，笔者亲自调研了 中山大道历史街区的状况，并对行人作出了一定量的走访和调 查，分析得出中山大道大致有以下发展潜质。

5.3.1　街道风貌特色多样

经过历史的沉淀，中山大道呈现出明显的三段式风貌特色 （图5-3）。一元路至江汉路段位于当时汉口租界的核心区，因 此，该路段主要呈现为历史文艺风貌，该路段街巷保留租界时期 原始肌理，尺度宜人，以里分、洋房为主的历史建筑较多，保存 较好，风貌较完整；江汉路至前进一路段历史建筑较多，风貌完 整，但是由于后续加建了许多现代建筑，因此呈现出中西混搭风 貌，该段道路空间逐渐开阔，历史建筑与现代建筑交替布局，呈 现出一街两面、中西混搭的特点；前进一路至武胜路段呈现为现 代商业风貌，该路段街道宽阔，建筑多为近年来新建的现代风格 建筑，但是由于没有经过整体的设计和保护，目前来看，建筑品 质欠佳，街道景观有待重塑提升。

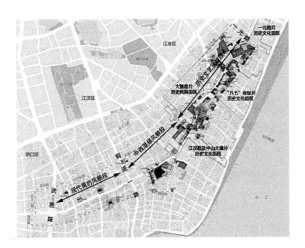

图5-3 中山大道历史片区分布图
资料来源：武汉市规划研究院. 中山大道综合整治规划［Z］. 2016.

5.3.2 历史文化资源丰富

中山大道沿线历史文化资源丰富，共有各级文保单位、优秀历史建筑约151处，包括：武汉民国政府、汉口工商业总会等办公建筑；汉口商业银行、汉口盐业银行、金城银行等金融机构；三德里、伟英里等里分建筑；民众乐园、花楼街、东正教堂等体现当时人们的精神文化生活的建筑。它囊括了古典主义、折中主义、哥特式、拜占庭式等不同时期、不同风格的历史建筑，堪称万国建筑博物馆，具有深厚的历史底蕴（表5-1）。

中山大道历史街区历史建筑统计表　　　　　　　　　　　　　　表5-1

建成年代	清末以前	民国至1930年代	1930年代至1949年	1950—1960年代	1970—1980年代
栋数	9	58	31	37	48
栋数比例（%）	4.2	31.5	14.5	17.1	22.2
面积（m²）	4995	28798	21209	13052	32506
面积比例（%）	5.9	24.2	17.8	11	27.3

数据来源：武汉市规划研究院. 中山大道综合整治规划［Z］. 2016.

5.3.3 沿线商业繁荣

中山大道是一条最能体现武汉的商业历史、商业灵魂、商业文化风情的商业文化大道。中山大道的商业高度集中，沿大道两侧几乎全部都是商业，并且历史上在这里诞生了许多武汉的商业老字号，承载了汉口百年的商业繁荣史。目前，街道两侧聚集了商场百货、文化艺术、休闲娱乐、餐饮零售等多种商业业态，商业氛围浓厚。东段的一元路片区是以艺术画廊、婚庆摄影、特色餐饮为主的休闲商业；中段的大智路、江汉路片区聚集了叶开泰、四季美、精益、亨达利手表等百年老店及大洋百货、王府井百货、万达广场、民众乐园等多个大型购物商场；西段则为赛博广场、库玛数码广场、凯德广场等年轻人喜爱的时尚品牌的汇聚地。

5.3.4　空间路网肌理独特

中山大道历史街区的空间肌理和路网格局在武汉市内独树一帜，特色鲜明。中山大道租界部分两侧的街区大都属于里分式街区，整体上形成了树枝状结构，由中山大道向内部发散开来，呈现出树枝一样的道路等级层次和强烈的空间秩序感。另外，由于功能和所处租界具体状况的不同，街区内部的具体肌理和纹理也各不相同，形成了中山大道历史街区独特的空间肌理和路网格局，是汉口城市特色的重要组成部分。

5.3.5　老城区交通改造的新契机

随着地铁6号线的开通，中山大道与江汉路交汇处的循礼门站和江汉路站正式贯通（图5-4），成为武汉市最大的换乘车站，加上远期规划还有两条地铁线在此相交，中山大道将会成为四线换乘的巨型车站。另外，在地面交通中还增加了从武昌和汉阳通往中山大道街区的公共汽车数量，今年新设置的环行武汉市旅游景区的观光巴士也把中山大道设置为一个重要的站点，巨大的人流和交通压力为中山大道带来了改造的契机。

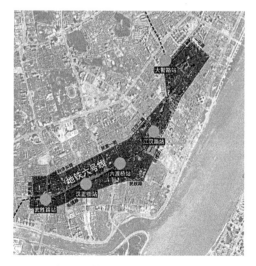

图5-4　中山大道与地铁6号线的关系

5.4
中山大道历史街区现状问题分析

根据笔者的现场考察，中山大道虽然发展潜力巨大，特色明显，但是目前来看仍存在以下几个突出的问题亟待解决。

5.4.1 功能业态较为低端

中山大道是武汉市最具代表性和最繁华的商业大道之一，但是沿街低端业态和质量较差的小型商店密布，据统计，低端零售业占道路沿街立面的60%，建筑表皮被店铺招牌、广告灯牌灯箱、空调外挂机遮挡严重，窗户损坏、阳台杂乱、加建搭建等问题突出，严重影响了历史街区的观感和品质。另外，目前中山大道的人文气息尚未凸显，历史街区的文化氛围稍显欠缺，历史建筑功能没落，缺乏文化体验感。

5.4.2 历史建筑保护利用不足

中山大道是武汉市最具代表性和地域特征的道路，特别是友谊路至一元路段，穿越了当年的五个租界区，是武汉市近代西方建筑最集中的片区，集中了数量众多的文保建筑、历史建筑，并且建筑本体保存完好，外观风格各异，形成了武汉的万国建筑博物馆。丰富多样的平顶、坡顶、玻璃顶、穹顶等建筑屋顶形式，构成了极具观赏性的第五立面。但是，目前对优秀历史建筑的保护存在许多问题，许多建筑被不恰当地使用或者闲置，特别是街区内部的居民对历史建筑的保护观念较弱，在其中乱搭乱建，在街巷中晾晒衣服、占用公共空间等情况屡见不鲜，对历史街区内建筑的风貌、质量、立面造成了很大的破坏，有效利用不足。

5.4.3　空间肌理破坏严重

作为西方国家的租界区，受西方规划思想的影响，中山大道历史街区的主要街道形成了以街廊为主或"街巷+街廊"混合的空间界面。由于中山大道以租界建筑为主，因此建筑风格为新古典主义、拜占庭式、里分民居风格所主导；建筑立面材质多样，公建以石材为主，民居以砖头、混凝土等为主。江汉路以南的华界区，地块规模大，内部道路自然生长，呈现出中国传统自由蛛网形态。江汉路以北的租界及其扩展区，地块规模小，路网密度高，呈现出西方城市的规整格网形态（图5-5）。与传统文化的精髓混合交织，里分等居住建筑大量运用天井、巷道营造灰空间，丰富空间层次。

中华人民共和国成立之后，大批居民迁入中山大道的历史建筑，加上大规模的拆迁和违建等造成城市肌理特征异化，形成了与区域特征不同的肌理和大街区地块等，天井、巷道被蚕食，违章搭建改变了传统使用方式，原有的"街巷+街廊"的空间界面也慢慢消失，新建建筑多为单一的街廊形态，破坏了中山大道的空间肌理（图5-6）。

图5-5　江汉路片区的建筑肌理

资料来源：武汉市规划研究院. 中山大道综合整治规划 [Z]. 2016.

图5-6　中山大道两侧的街巷空间

5.4.4　绿化空间不足

中山大道基本保持了原有的租界时期的空间尺度，通过对江汉路及中山大道片区街廓空间进行平面化赋（色）值解读得出，保存较好的历史街道的宽高比（D/H）介于0.7~1.5，沿街开敞度小，沿街面整齐（图5-7）。但是还是存在非常多的不足，例如：景观特色鲜明，但设计和维护较为粗放，缺乏精致空间，与国内外的城市中心街区相比较显得较为陈旧和低端；整体景观风貌呈"三段式"节奏变化，但建筑立面杂乱，广告色彩突兀，缺少人性化的步行空间；街道空间宜人，但绿化设施不足。部分建筑后退空间开阔，如凯德广场、佳丽广场等，但缺乏绿化环境，大部分路段行道树不连贯，无地面绿化带，街道家具简陋，市政设施无序。

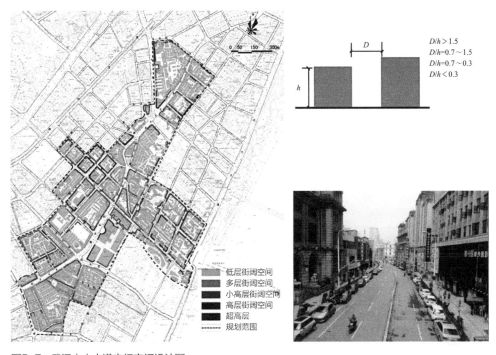

图5-7　武汉中山大道步行空间设计图

资料来源：武汉市规划研究院. 中山大道综合整治规划［Z］. 2016.

5.4.5　交通和市政设施不完善

中山大道历史街区的过境交通比例较高，在全部交通中的比例大约为40%，过境与到发、非机动车与机动车交通混行，交通秩序较为混乱，公共停车空间严重不足，机动车占道停车问题严重，对街区品质影响严重。局部路段人行道过窄，难以满足顺畅的通行要求。另外，街区内交通市政设施不完善，下水道管网较为陈旧，局部地段大雨过后渍水现象严重，影响街区环境，与中山大道定位不符。另外，电杆电线较为混杂，电力电信箱柜压占人行道，影响城市景观。

5.5
区域整体风貌肌理的修补

5.5.1　明确改造的定位、原则和目标

"城市修补"理念指导下的中山大道城市设计中，明确中山大道历史街区的整体发展定位为"以人为本、公交导向，环境重塑，文化回归，业态升级"，力求将中山大道历史街区改造成展现汉口历史风貌，体现武汉城市文化特色的文化旅游街区。根据中山大道的发展目标和现实状况，确定中山大道历史街区改造的原则为"历史轮回、再现繁华、彰显底蕴、服务民生"。将这一轮中山大道的更新定位为百年工程，用持续性的眼光来进行改造，升级低端零售业态，引入时尚潮流品牌，提升街区活力和人文气息，加强街区绿化景观环境，缓解街区交通压力，营造宜人的步行氛围。

5.5.2　协调街区与周边整体风貌和肌理

中山大道街区的不同路段有其各自的特色，在设计中根据各自的特征进行整体风貌协调。中山大道总长4.8km，穿越了汉口的多个风貌片区，既有现代风格的都市区，也有古典风格的路段，总的来说，形成了三段式的风貌。江汉路至前进一路为新旧交融风貌段，地块规模小，路网密度高，呈现出西方城市的规整格网形态，建筑风格为新古典主义融合现代风格，历史建筑材料为石材和清水混凝土，新建建筑为现代风格，融合新古典主义元

素，材料为石材、砖、玻璃和钢材。江汉路以南的华界区，为现代简约风貌段，地块规模大，内部道路自然生长，呈现出中国传统自由蛛网形态。建筑风格以现代风格为主，建筑材料采用低反射的透光玻璃幕墙，建筑色彩以蓝灰等冷色调为主，形成了大气靓丽的现代都市街景。因此，在改造中必须将新的建设与原有的街道风貌和肌理统一起来，避免出现违和感。

中山大道历史街区内的许多现代建筑与原有的建筑风格不协调，对历史街区的风貌特色和环境氛围造成了较大的影响。在"城市修补"理念指导下进行改造时，应对新旧建筑和古今风貌环境进行有机更新，根据路段风貌对新建筑的形式进行控制协调，对老建筑的传统样式进行还原和保护，延续街区风貌的完整性。在保护里分建筑原有肌理的前提下，拆除部分无特色和破败的建筑或构筑物，增加更多的邻里绿地空间和步行空间，试图创造绿色邻里街区，把活力和绿色带回里分、街道以及整个街区。同时，增强街区内部居民对街区的保护意识，禁止在内部进行大规模的拆建和乱搭行为，例如禁止在院落和屋顶搭建颜色鲜艳的雨篷。

江汉路片区是街区中风貌改造较好的片区之一。在改造过程中，拆除了风貌不协调的建筑，保留、修复风貌良好的历史建筑，主要的人流在江汉路步行街通行，其余人流引入两侧的弄堂街巷，呈树枝状的主次肌理结构，形成了外部开敞、内部围合的空间。其道路空间尺度丰富多变，使其内部产生了许多围合的小型广场，形成了街区内的一种市民休闲空间。保留了步行街两侧的部分里弄巷道，使其成为供人们观赏、追忆的通道与容纳社会生活的空间。由于江汉路片区的历史建筑非常多，平屋顶、穹顶、坡屋顶、玻璃屋顶等丰富多样的屋顶形式共同构建了该片区丰富的第五立面。在该片区中，坡屋顶形式的建筑占总量的58%，平屋顶的建筑占总量的32%，因此还要着重强调对于建筑第五立面的统一设计，修缮及保护原有的屋顶形式，新建建筑不能破坏该片区的风貌。东西向贯穿汉口中心区的江汉路步行街与中山大道垂直相交，两侧建筑高低起伏有致，形式古典，历史感非常强，在两条道路的交汇处形成了中山大道上乃至整个武汉市的一个重要的商业节点。

5.5.3　提升街区功能业态

基于中山大道的三段式风貌特征与当前的业态，在中山大道的改造中，将全长

4.7km的路段分为三大功能区块，以改进中山大道街区的功能结构，完善街区业态，全面提升街区商业等级，打造"文艺、高端、时尚"的三段式购物体验。一元路至江汉路段沿线历史风貌最突出，是西洋建筑最集中的片区。该路段有武汉美术馆、黎黄陂街头博物馆等艺术片区和三德里、伟英里等里分精华建筑区以及汉润里、汉安村、大陆坊等可以体验汉口商贸文化、居住文化和城市空间的商贸文化区域，艺术氛围浓厚，历史文化气息较重，因此，在该区段的改造中，通过对部分现有历史建筑的功能腾换整合，植入画廊、艺术工作室、艺术品拍卖行、时尚餐厅、精品花园酒店等业态，结合优秀里分，策划武汉文化创意旅游项目，打造老汉口慢生活文化艺术体验区。江汉路至前进一路段则以江汉路至水塔的百年精品老店、中高端百货等现有业态为基础，加强传统老字号的聚集，在国民政府旧址附近，以汉口新市场、民众乐园等老牌百货为核心，打造革命教育基地和商业娱乐中心，引入精品专卖店，结合佳丽广场、王府井百货和新的百营广场等开发项目，打造购物商业核心区。前进一路至武胜路段依托赛博数码广场、凯德广场等现有大型综合体和街区环境特色打造时尚潮流街区。

以武汉市美术馆节点为例，武汉市美术馆坐落于汉口南京路与中山大道交汇处，在民国时期金城银行的基础上，功能几经替换改变而成。1930年，金城银行落成，规模宏伟，正立面柱高3层，采用西方古典廊柱式样。日军侵占武汉后，将其占领为司令部，1949年后政府将其改造为武汉少年儿童图书馆，直到2003年才变为武汉美术馆。后来，周边环境变得越来越差，业态以低端服装零售、餐饮、婚庆影楼为主，升级业态后，以艺术品品鉴展卖、精品时尚店、文化广场等功能为主，发展冷军工作室、荣宝斋等文化创意产业。另外，植入老字号、酒庄、茶室、电影院、精品酒店、精品公寓、花园餐厅等业态，禁止小餐饮、小格子铺、小摊点、低端美容等业态，将武汉市美术馆片区打造成业态较好，档次较高，又富有文化艺术气息的片区。

5.6
公共空间的修补

5.6.1　保持传统空间尺度

中山大道历史街区有着独特的空间尺度，在进行改造的时候保持了其原本的尺度感。现代城市的空间层次多种多样，要构建有特色的城市空间离不开特定的空间范围，因此针对历史文化街区空间的设计手法也应该变得全方位、多样化。传统街道空间的一个重要特征是其连续性，在对中山大道历史街区进行设计时，首先要控制建筑贴线率，保持街道连续，控制建筑贴红线率，建筑临街界面也不应有大面积的进退。由于各种违法乱建、乱拆、乱搭、占道等行为，中山大道历史街区的空间连续感遭到了一定的破坏。因此，在进行空间塑造的时候，需要特别强调空间的传统尺度感。对历史建筑的空间层次、建筑位置、组合关系等进行保留，对新建建筑严格控制其用地红线，对于已建高层建筑，可以采取裙房后退、底层开放等方式营造街区的公共空间，使新老建筑共同形成街区的传统空间尺度。

5.6.2　创造宜人空间环境

中山大道历史街区的城市修补对于空间的处理，首先是从人的体验感出发来进行设计，包括广场的尺度、环境、活动、设施，都是以为行人创造更好的空间环境为目标而进行设计的。中山大道历史街区的修补中，根据现状，在中山大道全线设八大空间节点,对其进行详细的设计,分别包括武胜路节点、汉正街节点、民意路节点、民众乐园节点、水塔节点、美术馆节点等节点。

以中山大道上的水塔广场节点为例。汉口水塔矗立于老汉口城区内最繁华的两条街道——中山大道与江汉路的交叉口,见证了汉口的百年沧桑,是中山大道的标志性建筑,曾经是武汉市最高的建筑,它承担着汉口市中心的消防给水和消防瞭望的双重任务。汉口曾经以水塔的高度为城市限高,规定汉口的所有建筑高度不能超过水塔。但是随着时间的推移,水塔周边的广场空间被大幅缩减,道路被侵占,空间变窄,街道南侧的大洋百货、佳丽广场等建筑,与街道北侧建筑存在规模差异,街道两侧建筑的协调感较差。除大洋百货前广场等大型广场空间外,沿街步行空间也较为杂乱,道路和铺地破损现象较严重。水塔节点范围内,中山大道沿线行道绿化较为缺乏,仅大洋百货广场空间种植了少量梧桐及香樟,沿线步行空间的铺地也比较破旧。

针对该空间的修补主要利用该路段宽阔的道路空间设计道路中心绿岛——露天市场,以汉口水塔为对景,并以可临时关闭的慢行道穿插其中,既可满足临时泊车需求,又可提供绿树掩映的多功能城市开敞空间,创造又一个充满活力的城市地标(图5-8)。露天市场中,结合景观、树池、花盆等创造良好的绿化环境,并设置遮

图5-8 水塔片区规划意向图
资料来源:武汉市土地利用和城市空间规划研究中心. 中山大道景观提升规划 [Z]. 2014.

阳伞、座椅等设施，供行人休憩。节假日
提供流动摊位，引入冰淇淋车、画摊、花
店、手工艺品、简餐快餐等，形成宜人的
公共空间。另外，将该路段改为仅允许公
共汽车、出租车等公共交通通行，车道
宽度为两车道，集中在靠近大型商场一
侧。道路剩余空间，设计人行步道及广场
活动区，结合百营广场地块开发，形成
露天市场，供人们步行和举办各类活动
（图5-9）。

图5-9　水塔片区空间规划图
资料来源：武汉市土地利用和城市空间规划研究中心.
中山大道景观提升规划［Z］. 2014.

5.6.3　展示城市历史文化

在中山大道历史街区的空间修补中，还形成了宣传汉口历史文化的展示场所。
汉口几百年的历史孕育出了这座城市独特的码头文化和租界文化相融合的城市文
化，也曾发生过许多具有纪念性的历史事件，召开过许多重大的会议，如辛亥革
命、京汉铁路大罢工、保卫大武汉、八七会议等改变国家命运的历史转折点以及其
他数不清的事件。在对空间的改造中，将这一系列事件提炼、升华，植入到公共空
间中，用展示板、雕塑、纪念物、景观历史墙等在空间中展示出来。在事件发生的
实际地点，例如八七会议旧址、京汉火车站、1998年特大洪水地点等处设立大型纪
念碑，或设立为博物馆等以保存这段历史。

5.7
景观环境的修复

5.7.1　打造三段景观风貌

　　结合现状街道空间特色，打造三段式景观特色。一元路至江汉路段的历史建筑较为集中，以西洋建筑为主，作为古典文艺风貌段，建筑材料按不同类别选择，公共建筑以石材和清水混凝土为主，民居以红色清水砖墙为主，该路段街道狭窄，可供大规模建设的空间较少，因此在该路段的设计中，在狭小的街道空间内，结合街巷空间等见缝插针地布置绿化和景观，尽量保留现有植被和绿化，并将绿化与建筑立面结合，将植被以垂挂、花盆等形式贴近建筑，与建筑和谐共生，使该路段既有历史底蕴又绿意盎然。江汉路至前进一路段为新旧交融风貌段，历史建筑风格为新古典主义融合现代风格，建筑材料为石材和清水混凝土，新建建筑为现代风格，融合新古典主义元素，材料为石材、砖、玻璃和钢材。该路段以商业为主，新老建筑交错。该路段已有许多长势良好的法国梧桐，可结合行道树，打造城林交融的市民购物天堂。用大块的蓝灰色花岗石进行行道铺装，与道路两侧厚重典雅的欧式建筑群相得益彰，为该路段营造出高级又富有情调的景观空间。前进一路至武胜路段建筑风格以现代简约为主，建筑材质采用低反射的透光玻璃幕墙，建筑色彩以蓝灰色等冷色调为主，两侧种植常绿的樟树、女贞等，形成大气靓丽的现代都市景观空间。

5.7.2 增加街区景观绿化

利用城市修补的方法改造后的中山大道历史街区的整体绿化率由8%提升至30%。在整条街道中总共规划了4个大型绿化节点，分别为凯德广场绿化节点、汉正街绿化节点、水塔露天市场绿化节点与吉庆街绿化节点。另外，拆除零散建筑，利用闲置空地等建设街头绿地，塑造了4个绿化节点，12个口袋街头绿地，增加小型口袋绿地，使街区总绿化面积达到7.5万m^2，实现了5分钟见园的绿化目标。另外，沿中山大道两侧，以4～7m的间距，根据路段特点种植法国梧桐或樟树等大型行道树，建成一条4km长的林荫大道。在个别节点还进行进一步的详细设计。如吉庆街节点，在将该路段由四车道变为两车道之后，在道路中央种植一整排法国梧桐，使该路段拥有了三排大型行道树，使环境得到了提升。在花园广场节点，通过拆除地块内较违和的现代建筑，腾出一片空地作为广场，在广场种植法国梧桐、银杏等林荫树，布置花车，种植灌木，并建设了喷泉水池等宜人的水景，设置休闲座椅，使拥堵的地块变成了优美的街头花园。

5.7.3 统一街头环境小品

中山大道历史街区的景观改造还对街头城市家具、环境小品等进行了精细设计。景观环境小品对历史街区的风貌影响很大，需采用协调的风格才能使街区环境更加统一。中山大道改造前，街头环境小品的摆放非常随意，人行道的栏杆、下水道井盖、路灯、路标等缺乏设计且破旧不堪；街头的座椅满是污渍，鲜少人使用，形同虚设；垃圾桶数量严重不够，造成街道卫生质量较差。因此，在中山大道的城市修补中对这些城市家具进行了统一的规范，如使用带链条的车挡，使用欧式的路边花篮，规定人行道栏杆为1.1m，规范路标的形式和样式，对公交亭、地铁口、街道座椅进行了全面的设计。对垃圾桶的样式和摆放距离进行了调整，保证200m以内一定能找到垃圾桶。对人行道、路沿石、盲道等的材质和样式进行全面调整，人行道统一采用灰蓝色的方格状花岗石，简洁而厚重。将下水道井盖、排水口等与路面形式统一，不允许补丁状的井盖出现。

5.8
交通系统的织补

    交通系统的全面织补也是中山大道历史街区城市修补工作的重点之一。传统城市道路的交通规划一般更加重视路网的通行功能，而历史街区中的交通规划则以改造和保护为主，通行能力反而退居其次。中山大道历史街区的道路继续保留原有的风貌肌理，如何在固定的路网结构中使空间和功能更好地优化成为一个较难的问题。

    中山大道历史街区的交通改造有几个有利条件：首先是武汉市交通发展战略中确定了"中心区合理引导机动车交通发展策略"，为中山大道的交通改造奠定了基础。其次，以"公交街道"为目标来进行大规模的改造。另外，汉口市核心区的道路密度与国外一些经典的城市中心区的密度较为接近，有着所谓的毛细血管型的道路肌理（图5-10），该区域还规划有与东京、曼哈顿中

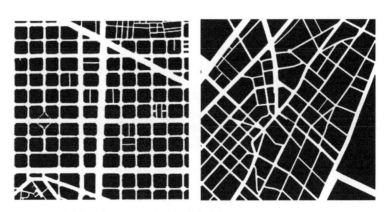

图5-10 巴塞罗那与汉口原租界路网密度对比
资料来源：武汉市国土资源和规划局. 武汉中山大道综合整治规划交通专项［Z］. 2015.

心区相媲美的高密度轨道交通系统，最后，解放大道改造和沿河大道隧道建设也为交通分流创造了有利条件。

5.8.1 分段进行道路设计

中山大道历史街区在进行交通改造时，根据需要对路段特色进行了分段设计（图5-11）。中山大道与其他道路相比，其不同之处在于中山大道从西到东形成了三段式道路风格，西段道路较宽，主要位于汉正街批发市场，机动车较多，为双向六车道，中段各大商场集中，人流较大，为双向四车道，东段穿越各租界区，道路较窄，为双向两车道，且沿线历史建筑较多。

西段道路衔接晴川桥与江汉一桥，需要承担汉阳过来的交通疏解，加上未来将汉正街改造成商务区的规划目标，其交通功能较为重要，因此，在将路段改造时，将部分路段拓宽成双向八车道，友谊路至前进一路由双向六车道变为双向四车道，并将外侧的两车道设为公交专用。中段的前进一路至黄石路段有王府井百货、大洋百货、悦荟广场、新佳丽广场等大型商业体，人流量大，因此，规划将该段由现状双向四车道压缩为双向两车道，并且设为公交专用街道，禁止社会车辆通行（图5-12），甚至在某些路段，如美术馆片区和三德里片区、中山大道连同两侧的美术馆和汉润里整体打造为步行街区，机动车从保华街通行，同步打通黄石路南延线，车行交通引入旁边的道路绕行通过。黄石路至一元路由于基本处于租界区内，

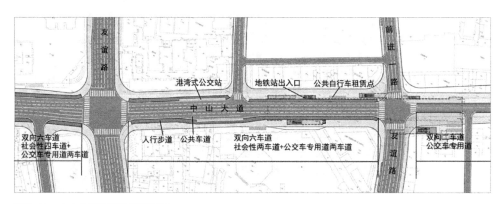

图5-11 中山大道车道改造示意图
资料来源：武汉市国土资源和规划局. 武汉中山大道综合整治规划交通专项［Z］. 2015.

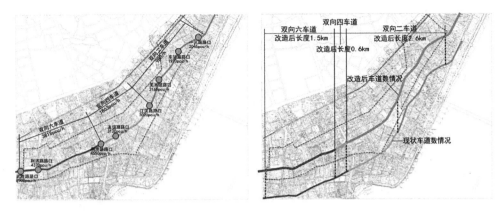

图5-12 中山大道现状路段车流量与车道规划
资料来源：武汉市国土资源和规划局. 武汉中山大道综合整治规划交通专项［Z］. 2015.

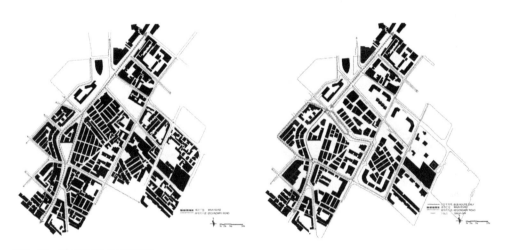

图5-13 美术馆片区交通现状
资料来源：武汉市规划研究院. 中山大道综合整治规划［Z］. 2016.

在功能规划中主要承担文化旅游功能，并不是交通干道，因而在该路段保留现状的双向两车道的公交车道，兼顾沿线单位的出入交通，完善该段步行系统（图5-13）。

5.8.2 改善街区公共交通

加强道路的公共交通功能，减少社会性机动车的流量，根据道路周边状况制定不同的限速措施。目前，中山大道沿线仅江汉路附近的公交车站停靠线路就多达22

条，全街过境公交有近百条，沿线公交线路重复系数相对较高，加上公交停靠设施不完善，难以满足大型商圈密集人流交通的需求。

为了更好地利用公共交通，在中山大道的交通改造中，将公共交通与轨道交通结合起来。即将开通的6号线与中山大道共线有约3.3km，规划有4个站点（图5-14），根据预测和计算，通车后可以承担中山大道30%的公交客流量。因此，在公共交通的改造中将现有公交线路结合地铁站点来制定新的公共交通线路方案，采用整合优化的手段，取消5条线路，调整11条线路，保留6条公交线路配合轨道的交通服务（图5-15），设置16处港湾型公交站点与2处出租车停靠点，经过该调整，使中山大道的公共交通服务水平得到有效提升。

图5-14 中山大道公交与轨道站点规划

图5-15 中山大道公交线路调整

资料来源：武汉市国土资源和规划局. 武汉中山大道综合整治规划交通专项［Z］. 2015.

5.8.3 优化步行交通系统

以前中山大道历史街区内的部分路段人行道狭窄，共享单车、电信箱柜、电杆、电力设施等在人行道上随意摆放、停靠，压占人行道，严重影响了步行环境和通行效率。另外，部分路段年久失修，破损严重，排水管网等老化严重，建设落后导致积水现象严重。为了维护街道的人性化尺度和通行速度，改善慢行体验感，打造宜人的步行街区（图5-16），在步行道路的断面改造上，恢复并拓宽了部分路段

的步行道（图5-17）。由于中山大道历史街区的
大部分道路现实条件有限，因而选择缩窄机动车
道，减少车行交通的方式，在建筑红线外至少
保留2m的步行道，在其中进行绿化，增加休憩
设施，设置景观小品（图5-18）。新增9处立体
过街设施，使人行过街设施间距缩短到500m以
内，针对中段商业人流巨大的现状，进一步提高
立体交通的密度，缩短人行过街设施的间距。另
外，在步行道沿线均作无障碍处理，杜绝占用盲
道等现象，使之变成尺度更加适宜行走的街道。
在十字路口、人行横道等过街点，合理控制路沿
石半径，对人行横道和路口进行错位设计以保障

图5-16　江汉路片区步行空间改造图
资料来源：武汉市国土资源和规划局. 武汉中
山大道综合整治规划交通专项［Z］. 2015.

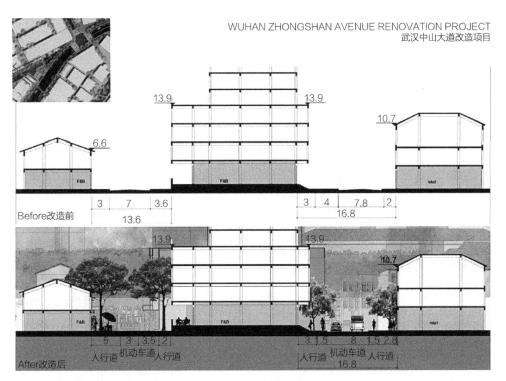

图5-17　美术馆片区步行系统改造图
资料来源：武汉市国土资源和规划局. 武汉中山大道综合整治规划交通专项［Z］. 2015.

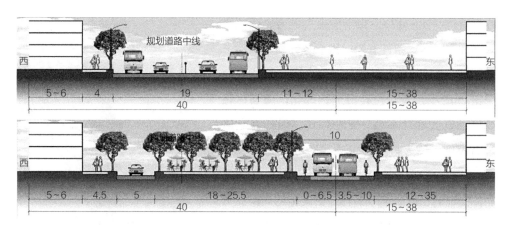

图5-18 江汉路片区步行空间改造断面图
资料来源：武汉市国土资源和规划局. 武汉中山大道综合整治规划交通专项［Z］. 2015.

行人安全、舒适地通过路口或穿过街道。在人流量大的路口并列设置两道斑马线，并以箭头指示行人靠左右分向过街，将交叉口的道路提高至路沿石的高度，可以有效提高行人的安全系数和舒适感，也可以降低机动车对人行道的占用程度。

5.8.4 完善街区静态交通

就历史街区的整个交通系统而言，动态交通与静态交通是相互联系、不可分割的。通过动态交通而流动，通过静态交通而停驻，动态交通的流量越大，对于静态交通的需求就越高。中山大道历史街区的区位和功能决定了该街区有大量的动态交通，因此，完善街区静态交通系统，促使街区动静交通平衡是对历史街区整个交通系统的有效织补。

1）动静平衡的交通理念

历史街区的动、静态交通平衡，指通过规划使历史街区内的停车设施与交通的动态流量达到一定的平衡。中山大道历史街区通过限流、改道等方法控制街区的动态流量，限制街区的机动车数量，另外，对区域内停车位实行必要的收费政策，减少机动车的长时间停靠，有效疏解滞留车辆，降低街区周边停车费用，提高街区内停车费用，将大量停车引入周边区域，降低历史街区的停车压力。另外，取消重要

图5-19 停车场改造规划图

资料来源: 武汉市国土资源和规划局. 武汉中山大道综合整治规划交通专项 [Z]. 2015.

路段的路边停车位,使道路通行更顺畅。最后,结合公共空间、沿线单位等建设多个停车场所(图5-19),有效保证了街区的动静交通平衡。

2)兴建立体停车设施

历史街区的土地有限,因此,兴建立体停车设施可以有效缓解街区内的停车压力。立体停车设施既包括地上的停车场,也包括地下停车库。中山大道历史街区结合区域内部的建筑、公共交通枢纽和空闲地块等建设了15处立体停车设施(表5-2),总共可以提供5290个停车位,大大缓解了区域内的停车压力。

中山大道街区立体停车设施情况 表5-2

停车场		车位(个)	小计(个)
在建	青岛路停车场(近期启用)	150	470
	游艺路停车场(仅部分启用)	320	

续表

停车场			车位（个）	小计（个）
近期启动	黎黄陂路改造		260	3750
	吉庆街改造		400	
	中山大道沿线改造	6号线地下空间	280	
		三处节点	30	
		百营片	350	
	汉正街近期启动片	银丰片	450	
		淮盐片	280	
		汉正街东片	1300	
		民族路西片	400	
规划新增	前进一路停车场		270	1070
	打铜街停车场		500	
	民权路停车场		300	
合计			5290	

资料来源：武汉市国土资源和规划局. 武汉中山大道综合整治规划交通专项［Z］. 2015.

5.8.5 调整区域交通路网

　　交通需求不断增长，而历史街区的道路承载能力有限，因此，武汉市中山大道历史街区在交通系统设计中充分考虑了区域路网的疏解作用，将历史街区内的交通分流到周边的其他区域中去。例如将黄石路南段打通延伸至胜利街，调整扬子街、民生路、前进五路、胜利街为双向行驶道路，结合江汉路节点新增前进五路右转车道，同步改造京汉大道、沿江大道、江汉二路、江汉四路等与中山大道平行的南北向道路，缓解中山大道的交通压力。对长江隧道、江汉一桥、晴川桥等过江通道对接的路段进行进一步梳理，将过江车辆引导至其他区域，绕过中山大道街区，有效缓解了街区内的交通压力（图5-20）。

图5-20 中山大道历史街区区域交通调整图

资料来源：武汉市国土资源和规划局. 武汉中山大道综合整治规划交通专项[Z].
2015.

5.9
建筑风貌的修整

5.9.1 建筑分类改造

历史建筑的保护并不单纯意味着将每栋历史建筑都保存下来变成博物馆，修补理念下的建筑保护应该根据建筑的实际状态、价值、功能等实施具体的保护策略，而不能用单一静态的保护方法。按照整体协调、特色突出的原则，结合每段街道的特色，在对建筑进行质量和价值的分级评估之后再进行分类改造工作（图5-21）。

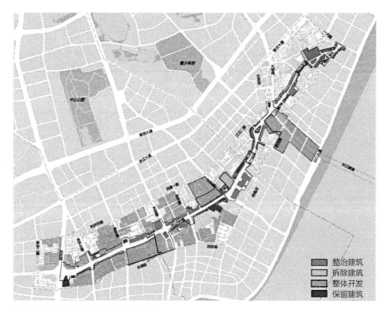

图5-21 建筑改造方式分类图
资料来源：武汉市规划研究院. 中山大道综合整治规划［Z］. 2016.

中山大道历史街区的改造中，经过详细的现场调查和文件搜索，对大部分建筑的级别进行了调整，增补了规划范围内的新增文保单位及优秀历史建筑。新增有一定历史、科学和艺术价值的，反映城市历史风貌和地方特色的历史保护建筑和传统风貌建筑共约39处，再对其采取整治、拆除、保留或整体开发的分级改造保护措施。经过调研后发现，需要进行整治的建筑占总数的75%，拆除的建筑占16%，保留原样的建筑占4%，整体开发的建筑占5%，整体开发的建筑集中在青岛路片区和银丰片区。建筑的整治方法主要有立面美化、立面改造两类，立面美化的建筑占65%，立面改造的建筑占约35%（图5-22）。

立面美化主要指对临街建筑物外立面颜色陈旧、存在明显污渍、外墙漆局部变色、广告无序、空调等附属设施无章等无需改变立面形式的整治量较小的建筑进行立面美化。整治的手法主要有：规范遮阳棚，对空调室外机进行规整和隐蔽处理；对于外立面颜色陈旧的，整体刷外墙漆；外立面砖块、涂漆存在明显污渍或外墙漆局部变色的，对外墙面进行修复整治。对于临街建筑物立面较为破旧、外墙残损和严重变色的房屋，应进行立面改造。整治手法主要有：适度改造立面形式、丰富建筑细部；外墙大部分贴块料面砖，一楼临街面贴石材面砖，局部涂氟碳漆；对遮阳棚、空调室外机进行规整和隐蔽处理。道路沿线除美化和改造以外，建筑可根据实

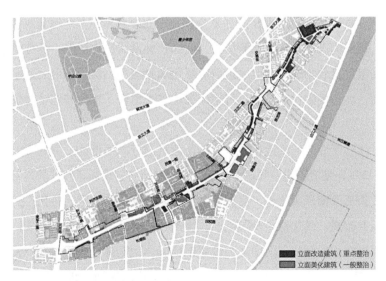

图5-22 立面改造与立面整治分类图

资料来源：武汉市规划研究院. 中山大道综合整治规划［Z］. 2016.

际需要对广告牌匾和墙面进行清洗和规
整，以确保沿线建筑整治的整体效果。

以民众乐园节点为例，民众乐园在
民国时期就是武汉最大的综合游乐中
心，当时名为"汉口新市场"，与上海
大世界、天津劝业场并称为中国三大娱
乐场，1926年作为逆产被国民政府没收
之后改名为中央人民俱乐部，作为汉口
市民的文化活动中心，一些重大的政治
会议、活动等也在此举行。之后历经百
年经久不衰，一直都是汉口人气兴旺的
文化活动中心之一。该节点附近有老万
成、汉口长江书店旧址、北洋饭店、德

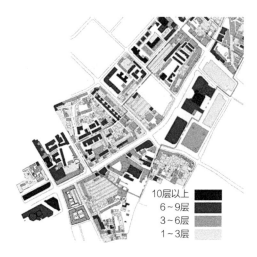

图5-23 民众乐园节点建筑层数分析图
资料来源：武汉市规划研究院. 中山大道综合整治规划
[Z]. 2016.

华酒楼、毓华茶庄、东来顺饭店、武汉国民政府旧址等七座文物保护单位，还有长
江饭店、汉口新市场、中山大道696-714号、清芬二路1号及三民路54-70号等历史建
筑，历史遗存十分丰富，周边还有六渡桥、新佳丽广场等现代化的商场。民众乐园
节点范围内，街道两侧的风貌差异十分明显（图5-23），沿线建筑呈现出"一街两面"
的特征，带有欧式风格的历史建筑几乎全部集中在道路南侧，北侧建筑多为2～3层
现代商铺，且较为破旧，立面色彩杂乱，广告招牌形式比较混乱，亟待整治。民众
乐园节点街道尺度较为适宜，但缺乏街道绿化和景观小品，仅中山大道北侧种植了
少量行道树，以梧桐为主。沿线步行空间铺地多采用砖，现状铺地较为杂乱，破损
现象较严重。

因此，针对该片区的改造主要是对沿街建筑进行立面整治，恢复历史建筑原有
风貌（图5-24），整治不协调的现代建筑立面，甚至将一段质量较差的商铺改建成骑
楼建筑，使街道两侧风貌协调，突出该路段民国风情的街道空间特色。另外，还结
合建筑整治与改造，优化沿街步行空间，增加行道树、道路绿化隔离带、小型环境
景观等，同时在步行绿化空间中适当设置座椅等休闲设施，拆除六渡桥人行天桥，
结合路面环境设置步行过街通道。节点周边建筑业态提档升级，引进高端商业零
售，集展示、体验功能于一体，吸引人流。

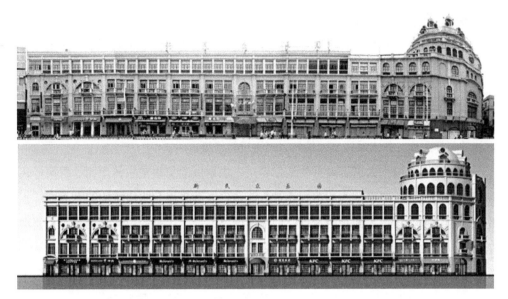

图5-24 民众乐园沿街立面改造
资料来源:武汉市规划研究院. 中山大道综合整治规划 [Z]. 2016.

5.9.2 建筑外立面整治

建筑立面的整治和美化是建筑改造的一项重中之重,街道风貌的统一,首先是要使建筑立面协调。根据现在中山大道路段的风貌特色,对道路两侧的西洋式建筑进行重点设计,对建筑外立面采用三段式进行改造,在低层部分多采用透明材质,如玻璃橱窗等增加通透感,在中层部分增加拱形门窗等西洋古典元素进行装饰点缀,统一设计沿街店招与广告,增设特色雨篷等,对上层的建筑装饰及屋顶采用清理及保护的手法,基本维持原有面貌。在建筑立面上采用竖向柱式分隔,增加铁艺栏杆、拱形门窗等欧式古典元素,保持街区的原始风貌特色。

中山大道以前有过一次改造,但是受技术水平和规划水平的限制,造成了较多的问题。之前,为了展现建筑的民国风情,画蛇添足地添加了不少欧式的立柱、窗饰、构建等,与建筑本来的风貌不协调,本来整洁朴素的建筑里面出现一些多余的线条和装饰等,显得不伦不类。因此,这轮城市设计,对风格不搭、质地不合适的添加物一律清除,而对建筑原有的雕花、线条、装饰构件等,尽可能地还原、展现出来。

　　另外，在建筑外立面的材质选择上也十分慎重。对于某些原有的水刷石外墙和石材立面，尽可能利用各种手段进行恢复。例如在此前的修缮中使用了高强度等级的水泥，破坏了建筑外立面原有的线条和质感，因此，在这轮改造中，先用工具将建筑外墙上覆盖的水泥、石灰等清除，再对原始的外墙进行修缮。根据每栋建筑外墙的原始材质的不同，对黄砂、黑砂、白石子、黑石子、泥浆等的数量和比例进行严格的分样配比，找出最适宜建筑的方案再进行修缮。

　　汉口水塔是中山大道上的重要地标建筑。规划拆除了水塔主体南侧一层裙楼，以展现水塔全貌。对保留的裙房建筑进行改造，立面采用与水塔主体统一的红砖，恢复拱形门窗，增加大面积的玻璃，创造通透感，统一店招的位置与色彩。紧邻水塔的是汉口总商会，总商会也是汉口重要的历史文化建筑。对沿街建筑进行改造，建筑立面的涂装采用与总商会主体相统一的暖灰色系，规整一层店招设计，结合露天市场，增加沿街绿化，增设遮阳伞、座椅等露天休闲设施（图5-25）。

　　对于骑楼街等特殊建筑，如伟英里骑楼街的沿街建筑，也有针对性的整治（图5-26）。在近代的建设中，将建筑的拱券拆除变成了方形的柱网，在这轮设计中，将原骑楼的方形柱网改造成拱形柱网，使古典气息更加浓郁，建筑立面采用原来的暖黄色，建筑材料使用干挂石材，体现建筑的厚重，屋顶采用最能体现汉口特色的红砖瓦屋面，规整底层商铺的店招设计和橱窗的选型，改善沿街环境，使之与建筑相协调（图5-27）。

图5-25　保元里改造前后
资料来源：武汉市规划研究院. 中山大道综合整治规划［Z］. 2016.

图5-26　伟英里骑楼街沿街立面改造
资料来源：武汉市规划研究院. 中山大道综合整治规划［Z］. 2016.

图5-27　伟英里公共空间建筑立面改造
资料来源：武汉市规划研究院. 中山大道综合整治规划［Z］. 2016.

5.9.3　建筑功能置换

　　功能置换主要包括两种方式：政府主导与市场主导。政府机构主导的再利用，结合市场主动自我更新。市场主导下，里分建筑改造为咖啡店、酒吧屋等。市场主导下的历史建筑主要改造或功能置换为商业服务建筑，而政府主导下的建筑基本都改造为纪念馆、美术馆、展览馆等公共服务建筑。

以汉口总商会建筑群为例。汉口总商会紧邻汉口水塔，自1921年建成以来见证了汉口商业、政治、文化的百年风云，是当时全国最大的商会之一，可以说是汉口商业繁荣的标志。1937年南京沦陷之后，武汉成为事实上的战时首都，1938年孙中山先生提出"保卫大武汉"的口号，国际反侵略大会也在此召开，宋庆龄、陈铭枢、陈绍禹、马相伯、蔡元培、宋子文、沈钧儒等数千人同聚一堂，共商国是，成为抗战时期的一段传奇历史。因此，该建筑群对武汉的意义非同小可，被列为"省级历史文化建筑"。建筑群为院落式结构，最外层为三层沿街建筑，主体大楼为新古典主义建筑风格，采用典型的三段式结构，外墙假麻石粉面，二层为半圆拱窗，三层设有阳台，入口屋顶为三角形山花装饰，整体建筑端庄典雅。但是随着中华人民共和国成立后商会的撤销与市场经济的发展，沿街建筑被低端业态的小型商业占据，外立面被粉刷成刺眼的粉蓝马卡龙色以吸引游人的眼球，立面充斥着各种色彩鲜艳、饱和度高的凌乱的广告招牌，完全失去了商会的历史面貌。主体建筑成为武汉中商联合会的办公建筑，没有让总商会的历史价值充分体现出来。因此，在对该建筑群的设计中，主要是通过功能置换使其焕发新生。

将工商联合会的办公地点外迁，将建筑改造成公共博物馆，向市民展示汉口华商、汉商、洋商的几百年发展和变迁以及昔日的繁荣。将外立面的马卡龙色清洗干净，变成质朴的灰白色，恢复建筑原始风貌和材质。还原大门两侧及建筑外立面上的雕花和装饰构件等，将沿街建筑功能改造成配套的咖啡店和特色餐饮店、西餐厅等，去除低端业态，重塑民国风情。

目 本章小结

中山大道的城市设计准确把握了"城市双修"理念的精髓，将风貌肌理与物质环境相结合来实现对历史街区现有问题的修复和织补。遵循"尊重历史，服务现在，顺应未来"的原则，因此，在中山大道改造中并没有出现我国大多数街区的那种推倒重建，也不是仅对街区的个别单位进行改造，而是在4.7km的街区内进行了积极、审慎、渐进的有机更新。本章从整体风貌肌理、公共空间、景观环境、交通组织、建筑改造等五个重要方面对中山大道在"城市双修"的理念下进行城市设计的手法进行分析和研究，找出我国其他历史文化街区在"城市双修"理念下进行城市设计的普遍适用的手法，对其他历史文化街区的整治具有借鉴意义。

第 6 章

基于"城市双修"理念的莆田生态绿心规划策略探索

6.1
莆田生态绿心发展历程与背景分析

6.1.1　历史沿革与空间格局演变

莆田地处兴化平原，兴化平原的本质是庞大的水利系统支撑下，从兴化湾海滩沼泽中创造出的土地（图6-1）。莆田自隋代设县，"以蒲名邑"。唐贞观时，人们开始围垦，分别在今南洋、北洋的周边。宋代，北洋围内疏塘灌溉。元代与明代，废围清塘为田，引木兰陂水接济，使农田有水灌溉，水利设施也进一步完善。明末时期，海岸线基本与现代相一致，越来越多的移民迁至此地，形成了清朝村落的布局形态。

莆田生态绿心是福建省河网湿地的典型代表地区，木兰溪从绿心中间川流而过，将其分为北洋平原和南洋平原两部分。生态绿心内部河网纵横，其独特的河网结构保障了生态安全和景观价值，其背后的水利系统承载着围海成田、淡化海水、灌溉农田的责任，让这里从海滨蛮荒变成了人杰地灵的风水宝地。

生态绿心最大的价值是它的水利结构及伴生的文化。生态

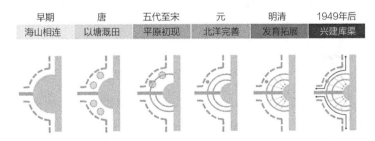

图6-1　兴化平原演变示意图

绿心空间与文化的耦合逻辑大致是这样的：莆田兴化平原的开发是从水利活动开始的，通过围海造田，引海化淡，奠定了兴化平原的空间格局，并在此基础上创造出了极富传统特色的仪式联盟这种社会组织架构，使得生态绿心内部各利益群体间达到了和谐与稳定。这些传统文化礼仪逐渐内化至莆田人的血脉与灵魂中，历经千年的传承，生态绿心形成了最有特色的村落文化。大量村庄风貌格局保存完好，形成了多样的倚水而建的村水格局，围绕"宫庙祠堂—舟楫河道—古树石桥"组织起了丰富多彩、多元共生的乡村生活空间。这里有盛产明清进士的东阳村，开创白塘李氏文化的洋尾村；这里也有最具莆仙特色的元宵巡游、莆仙戏、赛龙舟、百寿宴等。生态绿心已然成为传承莆田文化，联系兴化儿女的重要纽带。

6.1.2　地理区位与人口规模

莆田位于福建省沿海中部，东邻台湾海峡，南连泉州市，北邻福州市。生态绿心是莆田围海造田的历史文化遗产，承载着千年的农耕文明，见证着莆田空间格局的演变。

生态绿心位于莆田市主城区中部，涵江、城厢、荔城三大城市功能组团之间，是莆田城区生态格局的核心，总面积66.3km²，南北长约14.2km，东西宽约11km，其空间尺度巨大，约为西溪湿地公园的6倍，纽约中央公园的20倍。

生态绿心共涉及3个镇，1个街道，49个村庄，现状为城郊乡村地区。常住人口15.7万人，其中北洋平原7.4万人，人口密度为2519人/km²，南洋平原8.3万人，人口密度为2475人/km²，均高于全国乡村地区平均水平。

6.1.3　景观空间格局

生态绿心展示了莆田荔林水乡的独特景观，其外围坐拥囊山、九华山、天马山、凤凰山、壶公山等群山绿色屏障，木兰溪从中间川流而过，将其分为北洋平原和南洋平原两部分。南、北洋平原内河网纵横，特色明显，水面率与江南水乡类似，塑造了生态绿心极具价值的水乡特色与河流水网格局，保护水网格局是绿心永续利用的重要前提。绿心经过千年的围海造田与自然变迁，总体景观格局呈现为：

图6-2 北洋平原局部鸟瞰图

图6-3 南洋平原局部鸟瞰图

北洋山体环绕，周边被城市所包围，空间格局呈环绕型（图6-2）；南洋视野开阔，以田园乡村景观为主（图6-3）。绿心拥有得天独厚的区位优势，是莆田环绿都市的生态景观核心，造就了莆田特有的"山—城—田—海"理想田园都市生态景观空间格局。

6.1.4 传统民俗文化

莆田传统民俗活动自形成以来，每逢端午节、元宵节等重要节日，人们定会举行这些活动进行庆祝。节日这天，莆田的每一个角落都充满节日的气息，街道上车水马龙，热闹非凡。正是这些传统的民俗活动见证了莆田绿心的社会变迁。莆田生态绿心中有着丰富多彩的传统民俗活动，这些民俗活动历史深远，是莆田绿心民俗文化的灵魂所在。

莆田绿心的民俗活动以莆仙戏为代表，包括赛龙舟、百寿宴、元宵节等，这些传统的民俗活动体现出了莆田人民热爱生活、尊崇传统文化的热忱之心。

莆仙戏：莆仙戏是莆田最具特色的民俗戏曲，是我国现存的最古老的剧种之一。莆仙戏源于唐，成于宋，盛于明清，素以"宋元地戏活化石"和"南戏遗响"著称。莆仙戏因形成于兴化平原，其演唱语言为兴化方言，故又称"兴化戏"。时至今日，莆仙戏的传统剧目约占全国各剧种传统剧目的三分之一，每逢节庆，莆仙戏可谓村落文化的集中体现。

赛龙舟：每逢端午节，千顷碧野映眼帘、万缕稻香扑面来，莆田南洋河面最让人期待的龙舟竞赛。"龙首高昂，飞出深深杨柳渚。百舸竞流，扬起急急雪般浪。"龙舟集会翁济桥畔，竞渡的激烈场面给这片田野带来无限生机和活力。

百寿宴：生态绿心承载着莆田人崇文重教、尊老爱幼的精神，乡村内，每逢节庆都会为村中长寿老人举行百寿宴。

元宵节：莆田的元宵节，是全国持续时间最长的元宵节，一般从农历正月初六开始，到正月二十九结束。元宵节期间，生态绿心内的民俗活动精彩纷呈，人们燃放烟花，着装巡游，为新的一年带去美好的祝福。

6.2
莆田生态绿心价值要素分析

6.2.1 自然环境要素

1）生态绿心空间格局骨架——河流水系

生态绿心南、北洋河流水系连同上游的木兰陂共同组成了完整的活态水系结构（图6-4），是生态绿心空间格局形成的基础，是东南沿海独存的在用古代农业水利灌溉遗产，承载了莆田千年的农耕文明和水文化传统，见证着莆田沧海桑田的演变。

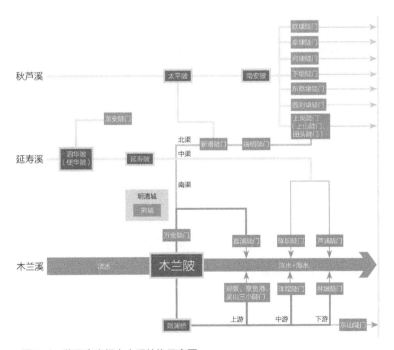

图6-4 莆田生态绿心水系结构示意图

资料来源：作者根据莆田生态绿心保护与利用规划改绘

莆田人凭借水利灌排系统控制平原上的水位，排干海水，引入淡水，整理土地，并在其上劳作生活。水利系统的兴废足以影响全局，将其从"唯生蒲草"的海滨荒蛮之地变成人杰地灵的风水宝地，再至明清后期的衰落，都与水利系统的兴衰息息相关，其发展历程是十分不平常的。如今生态绿心依旧保持着"水道纵横，阡陌相连"的特色格局。悠久的水文化历史为生态绿心地区由传统的农业文明转向现代乡村文化振兴奠定了良好的基础。

2）荔林水乡的特色风貌

生态绿心展示了莆田荔林水乡的独特景观，网罗密布的水系格局是莆田绿心的核心价值所在，形成了珍贵的"水乡"特色。保护水网格局是绿心永续利用的重要前提。南、北洋平原内河网纵横，景观各具特色，水面率与江南水乡类似。生态绿心总体景观格局：北洋为山体环绕型，南洋为视野开阔型。北洋五山环绕，周边被城市所包围，空间格局呈环绕型；南洋以田园乡村景观为主，空间开阔。

6.2.2 人工环境要素

1）宝贵的水利遗产——水工设施

南、北洋平原是由千年水利工程造就的大型农业灌溉区，莆田人因地制宜、因势利导地构建了完备的陂、陡门、涵的三级水利控制系统，其间以沟渠相连，包括木兰陂、延寿陂、太平陂等（图6-5），自隋唐起形成了集灌溉、蓄积、排水、行船为一体的纵横交错的便捷发达的水系。南、北洋水系与木兰陂、延寿陂等世界灌溉遗产共同承载着莆田的农耕文明，组成了完整的东南沿海独存的在用活态水利遗产。

众筹众营的古代水利共治形式是中国传统社会自治组织模式的典型范例，由于整体灌溉系统的复杂性，系统的个别支流会受到其他灌溉流域（尤其是上游）的严重影响。原有的神庙系统和祭典组织逐渐发展为仪式联盟（七境），形成了绿心内村庄的社区结构。为了适应水利水工设施的建设，村庄的社会结构与布局形态受到了环境的影响，产生了以宗族为首和以宗教为首的乡村组织模式。

图6-5　莆田生态绿心水工设施图

2）多元的物质文化空间

丰富的乡村空间：生态绿心特有的自然环境塑造了多元的公共空间组织模式，其多数围绕"水—桥—庙"组织，这与千百年来的村落生活和文脉发展息息相关；另一方面，独特而多元的村水格局也为生态绿心塑造了有机而又有趣的公共空间，为游人感受独具魅力的乡村空间提供了更多的体验性。

繁多的宫庙祠堂：生态绿心内部具有众多历史悠久的祠堂、宫庙社等公共建筑（图6-6、图6-7），其中最具有特色的是数量繁多的祠堂。家族祠堂最初多为先人故居，俗称"祖厝"，后来经过改建，演变为祭祖的"专祠"。从祠堂等级划分来看，一族合祀的族祠、宗祠，称为总祠，族内各房、各支房奉祀各自直系祖先的分祠。从村落布局特点来看，分祠拱卫总祠，以民居拱卫祠堂，以祠堂或街市为中心，以社庙为纽带。村庄建设主要围绕这些公共空间展开，是乡村文化价值的集中体现。

特色的莆仙民居：生态绿心内共有莆田民居特色的乡绅历史建筑271处，其中以

图6-6　传统宫社图

图6-7　传统祠堂图

东阳村、洋尾村等12个百年历史文化名村
为代表（图6-8）。

6.2.3 历史文化要素

1）丰富的文保单位与历史名村

生态绿心内共有23处文保单位（图
6-9），其中2个国家级文保单位，1个省级
文保单位，4个市级文保单位，7个区级文
保单位，9个县级文保单位。文保单位主要
集中在南洋，其中北洋8处，南洋15处。

莆田生态绿心共有8个进士村，主要分
布在北洋，其中北洋5个，南洋3个。

2）独特的仪式联盟和七境文化

莆田乡间普遍存在着所谓"仪式联
盟"，这些仪式联盟大多是在明清时代形成
的，最早可以追溯到明代前期，最晚是在
晚清和民国时期形成的。平均每个村庄有
3.2个血统家族，4.8个村庄结成一个祭拜的
联盟，每个村庄平均拥有3.6间庙宇，有的
多达18间，而每间庙宇平均供奉着4.01尊
神，最多可见35尊神，平均每个村庄14.5
尊神。

"七境"是村庄之间的仪式联盟，莆田
生态绿心南、北洋平原一共找到了150多个

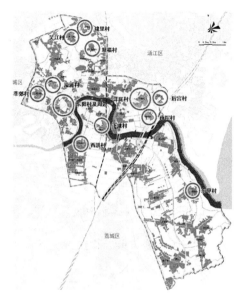

图6-8 传统村落分布示意图

图6-9 文保单位分布示意图

仪式联盟。所谓"境"，是指一个"社"的领地，"七境"的本意就是七个"社"的
联盟。"社"是明代里甲系统中的一种仪式单位，一般也叫"里社"，之后又发生了
许多变化，几乎每个村庄或家族都有自己的"社"。这些仪式联盟，大多是5～10个

村庄组成一个"七境",每个"七境"有共同的庙宇(图6-10、图6-11),每年一起游神赛会,一起庆祝神明诞辰。在这些"七境"之上,还有一些更大的仪式联盟(图6-12),通常也有共同的庙宇和仪式,有时会涵盖整个水利系统。

莆田南、北洋平原聚落仪式联盟的基本结构表现为当地聚落组团的仪式联盟及相关活动;仪式系统是莆田平原最重要的社会网络,有人称莆田的庙宇是乡村的"第二政府",庙董事会负责管理庙宇,主持各种社区性的祭典仪式,主管水利系统,调解民事纠纷,创办书院、小学、育婴堂等文教及慈善事业。

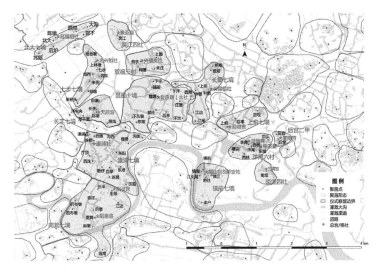

图6-10 生态绿心北洋片区七境分布图

资料来源:郑振满. 神庙祭典与社区发展模式——莆田江口平原的例证 [J]. 史林,1995(1):33-47,111.

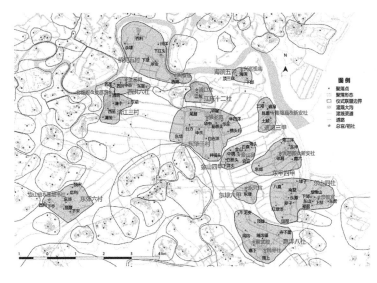

图6-11 生态绿心南洋片区七境分布图

资料来源:郑振满. 神庙祭典与社区发展模式——莆田江口平原的例证 [J]. 史林,1995(1):33-47,111.

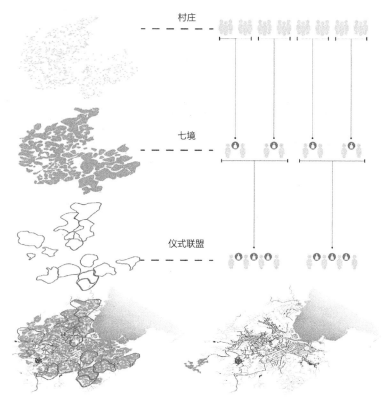

图 6-12 生态绿心七境与仪式联盟结构图

资料来源：郑振满. 神庙祭典与社区发展模式——莆田江口平原的例证 [J]. 史林，1995
（1）: 33-47，111.

6.2.4 生态绿心空间格局价值要素评价

1）构建理想城市格局

生态绿心内的价值要素构成了其独特的空间格局，也促成了绿心在城市结构中
的核心地位。生态绿心是莆田的"山—城—田—海"田园都市格局的重要组成部分，
也是主城区"一心三片"空间结构的中心。正是这样的特殊空间格局，使得其明显区
别于莆田其他地区，这也是其价值得以发挥的前提。

2）塑造荔林水乡特色风貌

生态绿心特有的生态格局要素与村落格局要素塑造了绿心独特的荔林水乡风

貌，绿心外围群山环绕，形成了环绿都市的生态景观核心。绿心北洋五山环绕，尽显荔林水乡风貌；绿心南洋以田园乡村景观为主，空间开阔，形成了无与伦比的景观价值。

3）形成城市的生态涵养区

生态绿心外围环绕囊山—九华山—天马山—凤凰山—壶公山，源于山体的河流水系最终汇集到绿心地区，通过水网建立起外围山体和绿心之间的生态联络，起到重要的水源涵养和防洪排涝的作用。

4）展示精彩纷呈的文化

生态绿心丰富的历史文化要素展示着绿心内多元的文化与历史价值，是生态绿心发展的内生动力。莆田有着"文献名邦""海滨邹鲁"的美称。通过对历史文化要素的整合，莆田生态绿心将成为展示与重塑莆田城市文化的新平台，以激发城市的文化潜力。

6.3
莆田生态绿心发展潜质分析

　　生态绿心的营造过程是由传统的乡村地区逐渐演化为具有城市功能属性的区域，在空间形态上完善了莆田的城市整体生态格局，在功能上弥补了城市开放空间、生态景观等功能的缺乏，在城市与乡村的关系上使莆田城市与乡村的联系得到了加强。

　　生态绿心在未来将通过乡村、景观、水网、文化与城市产生更多的互动关系，从而创造更优质的品质，成为城市和乡村共生的地区，以此形成生态绿心与周边城区协同发展的大格局。未来，生态绿心的激活将大力推动城市空间结构的形成，成为整合莆田城市空间的重要纽带。

6.3.1　数十年的空间储备区

　　1994年，莆田市首次提出"生态绿心"的概念，2008—2030版莆田市城市总体规划明确划定了"生态绿心"的边界，并通过主城区"一心三片"的空间结构强调了生态绿心的空间价值，明确了"生态绿心"以保护为主的基本思路，其区域地位得到了极大的重视和肯定。

　　在总体规划的指引下，1994年至今，莆田的城市建设已经发生了翻天覆地的变化，生态绿心也因明确的空间边界而得以保留。如今具有数十年的空间储备，正值莆田城市转型之际，生态绿心的价值也应从长期保护中释放出来。

6.3.2　提升城市形象、竞争力的关键地区

生态绿心有改善城市环境、丰富城市文化、提高城市品质的综合功能。绿心不仅是提升莆田的城市环境、丰富城市文化的资源宝库,也是扩大莆田的城市影响力,促进莆田经济发展的多重动力。

莆田城市开放空间缺失,环境品质不高,绿心作为生态价值、文化价值和景观价值的集合体,将与城市功能形成互补。生态绿心将作为城市的一部分,补充城市缺乏的功能。从生态绿心发展的目标来看,其低密度的乡野自然环境将以开放空间的形式与城市共享,成为服务于整个莆田市,甚至更大区域范围的高品质空间。面对莆田城市环境品质不高、城市公共空间缺乏、城市建设用地紧张等问题,生态绿心的打开将有效地缓解城市空间不足的问题,为莆田提供更多高品质的开放场所,这将成为提高城市竞争力的重要举措。

6.3.3　乡村振兴、城乡一体的焦点地区

在过去40多年改革开放的进程里,乡村建设与发展被长期忽视。我国城市建设用地扩张速度明显高于人口增长速度,也引发了诸多城市病,乡村大量年轻人涌入城市,导致城乡关系趋于两极化,乡村出现了明显的凋敝。

生态绿心作为市区周边的乡村地区,多年以来发展滞后。未来,生态绿心凭借优越的区位条件,将转型为城市重要的生态核心。生态绿心身份的变化不仅能改善内部村庄的发展现状,更将推动莆田的城乡一体化发展,改善莆田的城乡关系。

6.4
莆田生态绿心现状问题分析

本节通过问卷调查与实地走访，梳理了莆田生态绿心内村庄的发展现状，对生态绿心内的生态、社会问题进行了调查与研究，其主要问题如下。

6.4.1　河流水系污染严重

依据《2016年福建省水资源公报》，生态绿心内部河流水系呈现劣五类水质，因城市雨污水收集系统的不完善，加之生态绿心水网水系地处河流的下游地区，部分雨污水进入了绿心河流水系，在暴雨天尤为明显。除此之外，绿心的内部自身污染也很严重，村民生产生活的污水乱排放，大部分村庄尚未接入市政管网，没有污水处理设施，每年生活污水未经处理直排河网超过1800万吨，导致河道淤积严重，造成了河流水系的严重污染，并存在河道填埋（图6-13）、功能退化、建筑侵占等问题。村民认识不到位、相关部门管理不严格，也是绿心水生态状况不断恶化的原因。

6.4.2　基础设施不完善

公共服务设施缺口较大，商贸市场、垃圾处理站、幼儿园和运动场地等存在不足，缺少必要的文化设施，养老设施供给严重不足（表6-1），不能适应当前人口老龄化现象加重的趋势。村

图6-13 生态绿心生态环境污染图

民的日常交往活动丰富,每个村庄都有自己的庆典活动,但有20个村庄反映因道路狭窄,缺少除传统的宫庙社之外的开放活动空间,如小游园、健身活动场地等,影响传统巡游活动的开展。同时,市政基础设施配套水平较低,无集中供水设施,村民用水不便。

生态绿心地区缺乏某项公共服务设施的村庄数统计表　　　　表6-1

缺失公服设施名称	运动场地	幼儿园	敬老院	卫生所	村民活动中心	图书室/文化室	市场	厕所	垃圾站
村庄数（个）	14	16	41	7	11	12	32	9	23

资料来源:作者根据调研数据整理。

6.4.3 活力下降,人口流失严重

1)人口外出情况严重

莆田生态绿心与莆田地区同乡同业的社会结构(图6-14)类似,村庄中一半以

上的劳动力从事非农活动，有大量莆田人口离开莆田，外出经商，大多从事医疗、
珠宝、木材、能源等商业经营。2017年人口外流情况非常严重，而这一现象集中体
现在绿心南洋片区，3万多人外出，惠上村、惠下村甚至有4000多人离开村庄，占到
村庄的一半人口，这一现象已经成为常态。在人口大量流失的情况下，村庄未来的
发展动力成为问题。

2）人口老龄化趋势明显

南、北洋人口呈现差异化的情况。总体来说，绿心地区乡村人口年龄结构（图
6-15）与我国人口老龄化的大环境类似，均已进入老龄化阶段。2017年我国65岁
以上老人占比10.8%，南洋地区与此水平基本持平，而北洋地区65岁以上老人占比
18.6%，总体占比达到14.1%，人口老龄化情况已经非常严重。

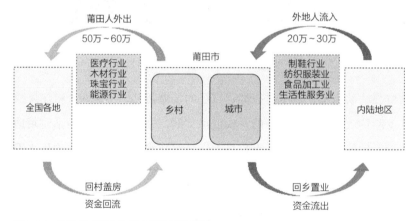

图6-14　莆田同乡同业的社会结构示意图

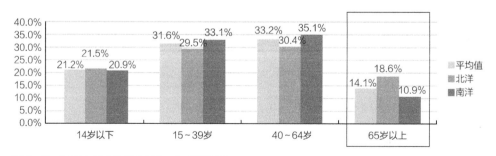

图6-15　2017年绿心地区乡村人口年龄结构图
资料来源：作者根据调研数据整理绘制

6.4.4 传统格局散失，房屋空置

由于村庄发展缺乏有效引导，村庄的整体环境品质逐渐下降，景观风貌特色日渐削弱。影响传统格局与风貌的主要原因来自于村庄内部与外部两方面。

首先，在几十年的村庄发展中，出现大量新建的现代住宅，与传统建筑相比，从风格到材质的选用均发生了巨大的变化。建设过程的无序，也使得各个村落的原始空间形态遭受了不同程度的破坏，民宅建筑高度参差不齐，58%为1～2层，40%为3～5层（图6-16）。同时，村庄内传统的历史建筑随着时间的流逝而日渐衰败，绿心村庄内很多具有民间特色、造型别致的传统建筑变成了年久失修的危房，部分老宅甚至倒塌而荒废，空置民宅占比15%（图6-17），一户两宅现象严重，占比34%（图6-18）。

其次，村庄安置房的出现，打破了绿心原本自然、和谐的空间格局。绿心内的安置房零星布置，不仅其位置缺乏考究，建筑的形态及高度更是与绿心的生态乡野气质存在巨大的差异。高耸的安置建筑突破了绿心世代延续下来的自然天际线，成为绿心视廊里的严重阻碍。

6.4.5 产业发展低端，亟待升级转型

绿心本质上是一个传统的乡村地区，以第一生产为主导，含有部分工业和少量电商产业。根据问卷统计得出：从事农业生产的人只占30%，经商者占29%，打工者

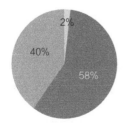

■ 1~2层民宅　■ 3~5层民宅　■ 6层以上

图6-16　民宅层数比例图
资料来源：作者根据调研整理绘制

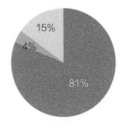

■ 民宅数　■ 危房数　■ 空置民宅

图6-17　民宅使用比例图
资料来源：作者根据调研整理绘制

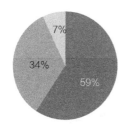

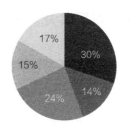

图6-18　户均拥有民宅比例图
资料来源：作者根据调研整理绘制

图6-19　村民从事工作类型比例图
资料来源：作者根据调研整理绘制

占41%（图6-19）。农民的耕地已经转由私人承包经营，形成规模不一的农业生产，但因缺乏统一管理与运作，农业生产效率不高，果蔬等农产品的二次加工还不到位，乡村休闲旅游尚未开发，整体产业发展低端。

6.4.6　村庄规划缺乏总体管控和指引

生态绿心的村庄土地利用粗放，建设失控，风貌散失的根源是村庄规划的编制缺乏总体层面的管控指引，在21个已编制规划的村庄中，18个村的规划用地呈增长趋势，3个村庄规划用地呈减量化发展趋势，村庄规划编制缺乏总体层面的管控指引。绿心规划村庄的总建设用地增加了261hm²，其中北洋增加141hm²，南洋增加120hm²（表6-2）。极少数村庄进行了减量规划：北洋的陈桥村和南洋的东甲村、金山村用地规模减小；北洋的江尾村规划人口减少。为解决生态绿心面临的问题，村庄发展是我们无法回避的重要议题。

生态绿心南、北洋村庄现状与规划指标对比表　　　表6-2

	现状人口（人）	规划人口（人）	现状用地（hm²）	规划用地（hm²）
北洋村庄	65078	80055	627.87	768.38
南洋村庄	94342	99730	700.07	820.70
总计	159420	179785	1327.94	1589.08

资料来源：作者根据调研数据整理

6.5
生态环境空间修复策略

6.5.1 治理河流水系污染

河流水系是生态绿心空间格局保护的核心要素，生态绿心水生态修复（图6-20）的核心是河道生态功能恢复以及水质改善。在尊重自然环境约束的前提下，不过分强调人工造景，主要通过生态化改造，将人群活动引入水域空间，形成对绿心水系的有机保护，构建富有生命力的水脉络，塑造人水共生的特色水网格局。

基于现有河网格局，消除断头河，对暗河进行整治，实施暗改明，改善水循环，增强水网的排涝能力，优化河道连通。根据生态绿心内部的地貌特征、水网格局、岸线现状等因素，结合海绵城市以及水专项等相关规划的建设指引，优化河道连通，消除堵塞隐患，强化水循环能力，增强河网水系间的调蓄功能。同

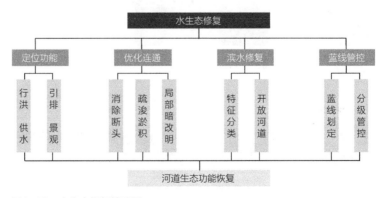

图6-20 水生态修复策略图

时，对于长期出现淤积的水网河段，在允许的情况下适当拓宽河道，并组织专人对淤积河段进行定期清淤与巡察，对有条件改造的河流暗渠实施暗改明，增强水网的防洪排涝能力。

针对生态绿心水网湿地退化的情况，可以通过建设人工湿地的方式进行生态复原，改善生态绿心的水生态环境。同时，逐步恢复自然河岸与人工护岸环境，丰富河流地貌，保障河流之间的互连互通，提高水系之间的互融互动，增强抗洪能力（图6-21）。

根据河道水位高低、水系周边环境条件，对生态绿心内的河道进行分类与整治：

（1）Ⅰ类河道：水面高、沿线建筑稀疏，主要位于村庄建设区域之外。主要改造方式为"洪泛湿塘+湿地+植被带"的组合，净化河道水质（图6-22）。

图6-21 河流水系治理策略图

图6-22 Ⅰ类河道改造示意图

资料来源：中国城市规划设计研究院. 莆田市海绵城市专项规划 [Z]. 2017.

（2）Ⅱ类河道：水面高、沿线建筑较密，主要位于村庄连片建设区域内，河道通常尚未整治。主要改造方式为设置石砌路面、植被缓冲带（图6-23）。

（3）Ⅲ类河道：水面低、沿线建筑较密，主要位于村庄连片建设区域内，河道通常已经采取了护坡加固等措施。主要改造方式为打开河道，设置石砌护坡，净化雨水（图6-24）。

Ⅱ类河道—改造前

Ⅲ类河道—改造前

Ⅱ类河道—改造后
石砌路面、植被缓冲带

Ⅲ类河道—改造后
打开河道、石砌护坡、雨水净化

图6-23　Ⅱ类河道改造示意图
资料来源：中国城市规划设计研究院．莆田市海绵城市专项规划［Ｚ］．2017．

图6-24　Ⅲ类河道改造示意图
资料来源：中国城市规划设计研究院．莆田市海绵城市专项规划［Ｚ］．2017．

6.5.2　修复河流水系空间格局

保护历史干渠及水网支系，修复河流水系空间格局。保护木兰溪、延寿溪的河道本体，设置多样化、有趣味的亲水活动空间。同时，不能轻易改变河流走向，对河道实行清淤、垃圾处理等措施，鼓励生态绿心地区居民疏通水网小河道，保持生态绿心水网格局的完善、水环境的健康发展。

6.5.3 修复水工设施体系

保护陂、陡门、涵等古代水工设施。兴化农业水利工程体系代表中国先民最高的治海文明与智慧，因地制宜、因势利导地构建了完备的陂、陡门、涵三级水利控制系统，其间以沟渠相连。明代，莆田县修缮、重建、新建陂塘坝垾52处，6次重修、改造木兰陂及渠网；仙游县修缮、重建、新建陂塘坝垾636处。古代水工设施是水系河网机构中的重要节点，对于古代水工设施的保护与修复也尤为重要，尤其是宁海桥和镇海堤。

宁海桥初建于元代，建桥工程十分艰巨，自元至清300多年间六建六圮，到清雍正十年（1732年）第七次修建，历时15年才建成。该桥现为省级重点文物保护单位。1983年，在桥上加铺了一层水泥桥面，这种"桥上桥"的模式全国罕见，对古桥造成了巨大的破坏。2017年1月，宁海新桥正式通车，让这座元代古桥不再受到大型车辆的震荡。

对生态绿心内各水利水工进行逐一调查记录，摸清现状，逐步构建水工设施保护体系，将水工设施作为生态绿心水网格局的重要节点进行保护。

6.5.4 修复绿地农林生态空间

保证永久基本农田用地面积不受侵占。北洋绿心农田面积为5.58km²，占总面积的22.6%，林地面积为5.56km²，占总面积的28.1%，具有较好的果林与农田基础。南、北洋永久基本农田总面积为14.4km²，占总面积的36.8%。

同时，修复被破坏的绿地农林生态空间，做好荔枝林的保护工作，在生态绿心的发展过程中保留现有荔枝林85%以上，延续绿心荔林水乡的特殊生态体系。划定"荔枝林保护区"，保证荔林水乡的特色。禁止随意侵占基本农田（水利防洪安全带、生态绿心中央发展带除外），对必须调整的区域进行合理安排，保证基本农田总量不减。改进种植与培育方式，提高果林的种植产量。

6.5.5　重塑动物生境空间

修复生态绿心内生物的多样性，保护珍贵的生态资源，重塑多元共生的动物生境空间（图6-25）。

1）鱼类栖息地的营造

人工鱼礁：人工鱼礁这种构筑物是小型水生生物和微生物等的良好附着物，可提供其自然生长的场所，同时也为鱼类提供了食物；鱼类在人工鱼礁的庇护下可以有效地抵御天敌的攻击，也可以抵御洪水的侵袭，有助于其安全生长。人工鱼礁由钢筋混凝土构筑而成，制作形态丰富，可以建设于较为平坦的河流岸边。

石块群：在河道内布置石块群等河床静置物可以有效地改善水体的环境，为水生生物提供丰富的河床条件，调整水流流速，从而丰富河道内生物的多样性。在坡度不大的浅水河道中，可以适当放置石块群，用以改善河道水深与生物多样性，而在平缓的河道中，石块群占河道横截面的比例不宜超过30%。

废弃构筑物：在遇到河道条件较为复杂的河流时，可以将建设过程中产生的无

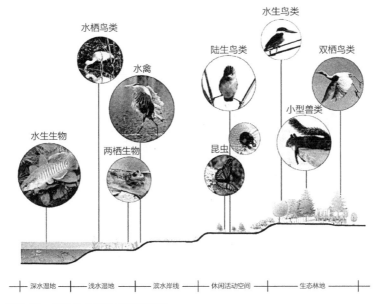

图6-25　动物生境空间保护示意图

资料来源：中规院（北京）规划设计公司. 莆田生态绿心保护与利用总体规划［Z］. 2018.

污染的废弃构筑物进行循环利用，通过废弃构筑物的回填降低施工成本，节省材料。废弃构筑物通常具有较为复杂的表面与结构，可以为水生生物提供栖息与活动的环境，也可以成为水生植物的附着物，提高河流水体的生物多样性。

2）两栖类动物栖息地的营造

两栖动物是一类典型的湿地动物。它们对栖息地有着特殊的要求，需要针对它们的生活方式、繁衍模式以及种群特征进行长期的观察与研究。在河道改造中，通过构筑一些栖息场所，可以丰富河流河道以及河底河床的形态，为生物提供栖息地。在水流较急的浅水区，使用树枝及废弃构筑物搭建水生生物的庇护与栖息场所，可以有效地控制水流流速，并为微生物的附着提供必要的媒介。两栖动物中有长期生活于水底的底栖动物，其特征主要是领域感较强，迁徙能力弱，对水质与水环境的要求较高，对水体污染及生境变化的抵御能力较弱，如果其栖息场所被破坏，需要较长时间恢复。

6.6
建成环境修补策略

6.6.1 织补交通功能，优化道路结构

生态绿心作为城市空间功能组织的纽带，将承担的是区域公共活动组织与衔接的功能，因此，绿心内部区域交通网络主要承担衔接周边公共活动空间的职能，而非承载区域快速交通。

通过构建横纵井字路网，将生态绿心融入城市交通结构体系，完善生态绿心的空间结构，形成联系紧密、互动和谐的城市关系。同时，纵向双层路网的内侧区域自然生态环境本底较好，可达性较强，可以将城市的文化展览与旅游服务功能植入其中，形成生态绿心区域内最具活力的空间地带。

生态绿心内部主路的线型选择兼顾景观体验，同时，营造富于变化的多样视觉效果；道路交通断面选择16m、20m、24m三种不同宽度，满足不同级别道路的流量需求。

此外，考虑生态绿心未来对休闲与游憩的需求，规划构建陆上（图6-26）与水上双重游览路线（图6-27），串联绿心的中央公园与两侧的乡村田园。交通网络体系包括：主题游览路线（图6-28）、机动车主干路网、城市绿道、乡野间机耕道、自行车游览路线（图6-29）以及水上游览路线。规划采用多元的道路设计方式，增强空间的体验性。

图6-26　陆上交通结构规划图
资料来源：中规院（北京）规划设计公司. 莆田生态绿心
保护与利用总体规划［Z］. 2018.

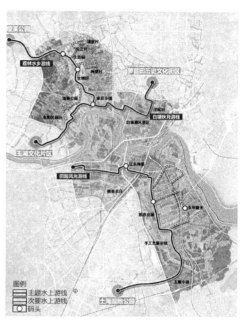

图6-27　水上交通结构规划图
资料来源：中规院（北京）规划设计公司. 莆田生态绿心
保护与利用总体规划［Z］. 2018.

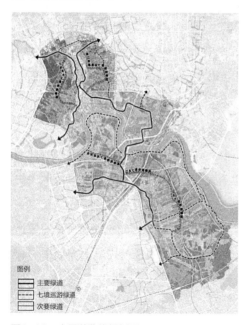

图6-28　主题游览线规划图
资料来源：中规院（北京）规划设计公司. 莆田生态绿心
保护与利用总体规划［Z］. 2018.

图 6-29　自行车游览线规划图
资料来源：中规院（北京）规划设计公司. 莆田生态绿心
保护与利用总体规划［Z］. 2018.

6.6.2 修复建筑风貌,整治生态环境

生态绿心管理委员会组织村民自主自发地进行村庄保护与建设,提升、带动村庄自我更新,合理利用空置住宅,从而带动整个绿心的村庄发展。保留村庄内价值较高的文物保护单位和传统建筑,严格遵守保护、维修和改善的原则,其中传统建筑以风貌特色保护为主,结合旅游功能的植入,实现自我运营维护。对于闲置老宅(图6-30)、街区(图6-31)等体现传统村落肌理和特征的区块,通过建筑功能的重构、局部改动,恢复其历史风貌特色和乡土氛围及风格,与环境和风貌无较大冲突,较为协调的民居建筑予以保留。

对村庄开展"六化"的风貌与环境整治行动。"六化"包括:道路硬化、村庄亮化、村庄美化、生活健康化、能源清洁化、垃圾污水收集处理无害化。通过改善人居环境,形成一个良性的联动发展模式。在林地、田地保护的基础上,更多地引入景观元素与生态文化体验功能,提高绿心内生态的自净能力,通过建设湿地、岛屿、自然驳岸等方式提升生态要素的价值,打造富有特色的城市地标景观及公共空间。

图6-30 闲置宅院院落空间改造意向图
资料来源:中规院(北京)规划设计公司. 莆田生态绿心保护与利用总体规划 [Z]. 2018.

图6-31　街区公共空间改造意向图
资料来源: 中规院（北京）规划设计公司. 莆田生态绿心保护与利用总体规划［Z］. 2018.

6.6.3　修补缺失配套，完善公共服务设施

对村庄开展"六有"的基础设施改善行动，"六有"包括：有村民学校（村委、党员活动室）、有村卫生所、有健身活动场地、有文化活动室（村史馆、图书室）、有村邮站（快递点）、有便民超市（生鲜市场）。发挥政府和社会组织的力量，以村民需求为导向，修补缺失的公共服务设施。

从城乡关系来看，绿心地区是乡村与城市生产生活关系最紧密，相互影响最大的区域，有条件建设成为城乡协调的样板区。政府需要综合考虑村庄区位、人口变化、现状基础等因素，合理确定未来乡村发展的重点和方向，与社会组织一同为乡村地区公共资源配置、公共财政投向和城乡基本公共服务设施建设提供规划依据，实现城市反哺乡村、城镇公共服务与基础设施向乡村地区延伸。

6.7
历史文化空间修补策略

6.7.1 修复以庙、社为核心的村落空间格局体系

村落空间格局体系的构建应在原有聚落联盟的结构上进行，不得随意打乱其内在结构。一则可以利用社区组织的现有结构及力量进行动员；二则可以对现有生态、水利设施及聚落布局进行最大程度的利用和更新。

每一个"七境"的聚落组团在空间布局上都有清晰的结构，主要由主核心区（祖庙或祖社）、次核心地区（角落庙）及边界区（绕境边界）三个元素组成。在传统村落格局修复中，应充分重视现有结构并合理利用，针对不同地块的特点进行设计。每一个聚落组团因其历史发展过程的不同而具有不同的特点。组团内部及组团之间也形成了一定的竞争或合作关系（如水利合作及乌白旗械斗等），并通过仪式联盟等方式进行社会整合，使南、北洋平原的资源和社区管理达到微妙的平衡。在传统村落格局修复中，应合理区分不同组团在文化积淀、自然环境及人口构成等方面的特点，对不同组团区别对待，有针对性地进行设计。

同时，构建特色保护村庄评定体系（图6-32），通过三项定性指标评估与三项定量指标评估，对特色村庄进行分析。定性分析结合定量分析，可以较为科学和直观地对特色村庄进行识别与保护。

图6-32 特色保护村庄评定体系图

6.7.2 修复特色保护村庄的传统风貌与格局

通过实地调研考察，并对生态绿心内传统村落的历史文化与文化遗产现状进行资料整理与收集，对生态绿心内各村庄的特色有了直观的认识。经过对村庄特色的评估与判断，共识别出七个具有明显价值的特色保护村庄。通过对村落格局、村庄特色要素分布以及村庄具有特色的空间进行进一步梳理，以修复特色保护村庄的传统风貌与格局为目标，为下一步村庄保护与发展提供指引（表6-3）。

特色保护村庄的保护与发展指引表　　　　　　　　　　表6-3

村庄	分类缘由	核心价值	发展定位
洋尾村	具有特色村落格局 传统民居 科举文化	湖村相映的村落格局 古坊古碑 李氏宗祠 滨水景观公共空间 田园风光	观光体验 文化价值
东阳村	具有特色村落格局 传统民居 科举文化	淇水环绕的村落格局 明清民居建筑群 东阳八景 滨水景观公共空间 田园风光	观光体验 文化价值
吴江村	具有特色村落格局	一河穿村的村落格局 鸳鸯楼等特色民居 滨水景观公共空间 田园风光	文化创意

村庄	分类缘由	核心价值	发展定位
埭里村	具有特色村落格局	岛屿村落的村落格局 滨水景观公共空间	民俗体验
双福村	具有特色村落格局 回族文化 古树名木	四水环绕的村落格局 村落广场及滨水景观特色 百年荔枝树 回族文化特色	观光体验
濠浦村	传统民居	特色民居聚集	特色民宿
东甲村	重点文保单位 海滨景观特色	东角百廿间大厝 镇海堤 渔村	渔业休闲 观光体验

资料来源:作者根据莆田生态绿心保护与利用总体规划整理

6.7.3 保护多元文化的融合,修补"七境"文化聚落和仪式联盟

莆田南、北洋的聚落有其各自的组合逻辑,这些聚落和灌溉区不是无序而随机的。在规划和开发时最合理的方式是找到原有的聚落合作的逻辑(尊重原有"七境",避开组合原有矛盾的聚落)进行组团式开发,避免随机根据聚落形态选取案例进行改造和加建。仪式联盟的结构至今依旧相当稳定,在当地的生活中也非常活跃,可以通过仪式联盟进行岛状空间划分。以"七境"为代表的仪式联盟,其组织原型是水利共同体,是生态绿心基本社会组织形式,"七境"在村民中的地位是神圣的,以"七境"为单元的社会动员力强大而高效。在规划功能区中,以"七境"作为空间划分依据,以"七境"为单元划分的岛状分布策划项目可以得到村民的配合与认同。如果肢解原有的"七境",可能会造成许多意想不到的社会问题。

6.7.4 保护文保单位,织补重要的历史文化要素

生态绿心中村庄最大的特征就是其浓厚的传统文化气息。每个村庄都以宫庙宗祠为核心空间,这种对于传统文化和习俗的尊重和延续在我国其他地区十分罕见。因此,我们要鼓励村民保护好这些村落体系,保护绿心中的48个村庄,尤其是洋尾

村和东阳村等历史文化名村。生态绿心中有着129个祠堂和529个宫、庙、社、书院，它们都是水利、家族、宗教等多元文化的物质载体，更是生态绿心不能割舍的文化情怀。

6.7.5　保护传统习俗的延续，保护非遗传承人

非物质文化遗产是我国民族文化的精髓，非物质文化遗产的重要载体是非遗传承人，对非遗传承人的保护是继承和保护非物质文化遗产的关键。现阶段我国对于非物质文化遗产的保护较为重视，体系也很完善，但是对非遗传承人的保护还缺乏系统性和实施性，需要尽快建立非遗传承人保护与传承机制，让非物质文化遗产得到延续与继承，在流传中得以发展。

6.8
社会文脉复兴策略

6.8.1 织补文旅功能，构建休闲旅游体系

生态绿心拥有丰富的旅游与文化资源，以往因为旅游体系的
欠缺、基础设施的缺乏、宣传意识的不足，使得生态绿心的价值
未被充分发掘，需要通过系统的旅游规划（图6-33、图6-34），
挖掘绿心自身的潜力，提升其体验性与共享程度，才能真正引导
生态绿心成为莆田旅游体系中的重要环节。

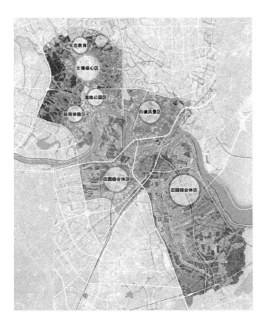

图6-33 生态绿心旅游规划图
资料来源：中规院（北京）规划设计公司. 莆田生态绿心保护与利用总体规划［Z］. 2018.

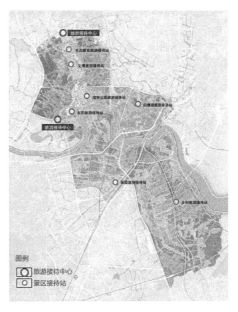

图6-34 生态绿心旅游设施规划图
资料来源：中规院（北京）规划设计公司. 莆田生态绿心保护与利用总体规划［Z］. 2018.

通过整合生态绿心的高价值资源，织补生态绿心的文旅功能，将生态绿心主要分为生态教育区、文博核心区、湿地公园区、民俗体验区、白塘风景区以及田园综合体区等6个旅游功能区（表6-4），构建生态绿心的休闲旅游体系，逐步将生态绿心建设成为城市休闲开放平台。

通过在绿心核心地区构建一个具有多元功能、独特景观、丰富体验内容、良好品质的核心中央公园区域，将城市功能渗透进入绿心地区，以中央公园为平台，展现绿心的价值，展现莆田的多元文化。布局符合绿心生态特质的生态教育、生态岛、生态湿地、都市田园、荔枝公园等；建设符合绿心文化特质的文博、文创、科技馆、文化馆、水利场馆等；发展能对城市工业区转型升级起带动作用的科创园区等。

生态绿心休闲旅游体系分区表　　　　　　　　　　表6-4

名称	主要内容	主要景点	主要控制要素
生态教育区	位于中央公园带北部，区域内有成片的古荔枝林，既可以品尝水荔枝，也可以观赏荔林水乡风貌。通过旅游道路、慢行路可以从多个方向进入该游览区，为游客提供丰富的生态教育和农业采摘项目。进一步培育水乡植被，可以适当丰富景观环境	百年荔林	（1）充分利用荔枝林和自然水系开发旅游项目。 （2）充分展示荔林水乡特色，开展滨水旅游项目。 （3）利用荔枝林、蔬菜等特色农业开展农业旅游。 （4）在绿心外围入口处设置明确的标识，并预留一定的缓冲区域
文博核心区	位于中央公园带中部，区域内有展示莆田生态、文化、美术、传统技艺、莆仙戏、民俗的博物馆群和特色街区，以及地标塔，通过与大水面的开阔风景和壶公山的对景，形成自然景观、文化展示相互交融的核心区域。通过城涵河道的整治，将龙舟赛和皮划艇项目引入其中，形成莆田文化集结的大型开放场所	传艺中心、农业馆、水利馆、美术馆、莆仙戏馆、龙舟活动中心、皮划艇基地、木兰塔等	（1）利用城涵河道开展水上旅游项目。 （2）严格控制滨水岸线的建筑高度和密度。 （3）博物馆群的风貌与莆田山水景观相统一。 （4）充分利用滨水地带形成滨水休闲区，形成大型的休闲游憩带
湿地公园区	位于中央公园带南部，该区域地处城市泄洪河道下游，也是白鹭的栖息地。为缓解城市台风多雨季节的防洪排涝压力，保护物种的多样性，形成一个个小型生态岛	生态湿地公园、观鸟圣地	（1）保护原有河流走向与河道宽度。 （2）保护原有地貌，植被不被破坏。 （3）保护白鹭栖息地的完整。 （4）配植丰富多样的植物、景观小品，形成有自然趣味的生态空间

名称	主要内容	主要景点	主要控制要素
民俗体验区	位于中央公园带两侧,该区域有吴江村、东阳村、柯塘村、埭里村等。游客可以体验莆仙民居、参与传统民俗活动、品尝特色美食。进一步整治村庄环境,优化村内交通,挖掘村庄亮点,使其成为莆田乡村旅游的展示窗口	陈氏祠堂、庙宇、鸳鸯楼	(1)突出历史悠久、莆仙文化浓郁的地方特色。 (2)突出村庄的文化休闲空间,提升环境品质。 (3)维护庙宇祠堂,保护好人们的精神场所。 (4)挖掘村庄特色资源,培育特色民俗体验点
白塘风景区	位于城市绿心北洋片区东部,该区域有水面开阔的白塘湖,有"白塘秋月"之美景,有历史文化名村——洋尾村。文化底蕴深厚,自然风光秀美,使其进一步提升可申报省级风景名胜区	白塘秋月、洋尾村、李富祠	(1)控制洋尾村紫线范围,保护街巷格局、文物古迹、历史建筑、特色风貌。 (2)控制白塘湖附近建筑高度,保证开阔的视野。 (3)注重景区与外围风貌的相互协调
田园综合体区	位于城市绿心南洋片区,田园综合体是集现代农业、休闲旅游、田园社区为一体的特色小镇和乡村综合发展模式,让农民充分参与和受益,集循环农业、创意农业、农事体验于一体	城市菜地、医养庄园、创意农场、亲子乐园	(1)控制建设规模。 (2)吸引多元投资主体。 (3)保障园区发展中的农民利益

资料来源:作者根据《莆田生态绿心保护与利用总体规划》整理

6.8.2　传承历史文化,增强民俗活动体验性

1)吸引游客参与元宵节巡游活动

　　莆田人闹元宵以菩萨巡游为主,莆田的元宵节正是发轫于封建时代的迷信活动,在参与者的智慧及当地淳朴民风的影响下,形成了一套独特的民俗文化。通过吸引外地游客参与生态绿心独具特色的元宵节巡游活动,既可以展示生态绿心的文化与民俗特色,也可以提高游人在绿心传统文化与习俗活动中的体验性,提升绿心旅游服务的文化性与可参与性。

2）引导游客观赏并参与莆仙戏曲演出

适当地引导游客观赏并参与莆仙戏的演出，并借助每个村庄的戏台，将其向旅游方向升级。在戏曲演出中，让观众走上舞台或演员走下舞台，演员、观众一起表演，是吸引观众、调动观众欣赏兴趣的有效方法。不仅对本地居民，也能吸引外地游客一起欣赏莆仙戏的魅力。甚至可以让观众参与戏曲评选，增加广大居民的参与热情，提升莆仙戏的影响力。

3）重点建设特色博物馆网络，展示绿心文化

以绿心南、北洋的众多祠堂及神庙为社会文化汇聚、传承的支点，村民选出具有代表性的家族祠堂及神庙，由建筑师与规划师设计成具有博物馆功能的文化旅游景点，重点建设特色博物馆网络（图6-35），在绿心内串联成文化专题展示网络，各节点突出各自特点（图6-36），使游人在一到两天时间内可以充分了解莆田的文化魅力与"七境"的社区结构，留住游人，形成深度文化体验，带动旅游消费。

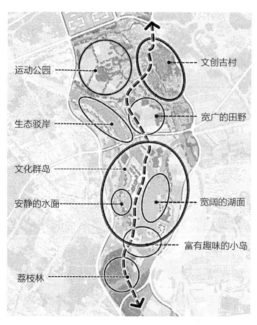

图6-35　文博核心区旅游分析图
资料来源：中规院（北京）规划设计公司. 莆田生态绿心保护与利用总体规划［Z］. 2018.

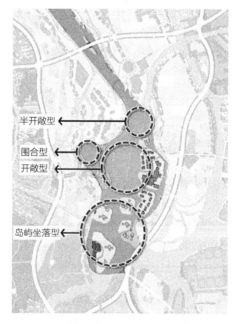

图6-36　文博核心区滨水景观分析图
资料来源：中规院（北京）规划设计公司. 莆田生态绿心保护与利用总体规划［Z］. 2018.

6.8.3 植入多元新兴产业，促进人口回流

鼓励工艺村的手艺回归，植入工艺创意产业。工艺村原本的产业模式是大部分村民外流，从事玉雕加工产业，村庄空心化严重，吸引力缺失。为改变村庄空心化的境况，吸引居民回流，村集体致力于改善工艺村的产业经营结构，以寻求新的经营方式。在多功能主义的思维下，工艺加工体验产业也成了一种新式的工业经营形态。工艺加工体验指通过展示传统玉雕加工过程，融入文化创意元素，增加工艺体验环节，提供城市居民休闲，推动以村庄传统工艺的体验为目标的经营转型。传统工艺产业发展转型需要扩展设计价值链与发展地方特色产业，首先要复兴文化创意产业，以提升产品和服务的内涵，而文化价值的开发利用，又需建立工艺文化，将工艺内涵表现于有形产品之上。生态绿心中的惠下村可以依托其自身的玉雕产业，结合文化展示与工艺体验进行产业转型。

植入休闲旅游产业，生态绿心内的海滨村庄可向旅游型海滨村庄转型。海滨村庄的特色主要有：渔业——休闲渔场，水稻田——休闲农场，镇海堤——东甲晨光——新莆田二十四景之一。生态绿心中具有代表性的滨海村庄是东甲村。东甲村位于莆田市荔城区黄石镇境内，蜿蜒横卧在兴化湾南岸木兰溪入海口处，唐元和年间，为抵御海潮，围垦埭田，造东甲堤。东甲堤是福建最早、最大的海堤，保护着南洋平原鱼米水乡的特色。依托东甲晨光的景观资源优势和木兰溪入海口的地理位置优势以及渔业与水稻田的产业资源优势，发展海滨村庄特色旅游。

植入有机农业与休闲体验复合经营模式，借鉴国外特色六级化产业群的发展模式(图6-37)，通过一、二、三产业的相互融合，带动有机产业的发展，结合休闲旅游等体验方式，为传统农业带来新契机。生态绿心南洋平原拥有广阔的农田，资源优势与环境优势明显。在有机农业的推广和行销上，从休闲体验方面切入，结合绿心内部相关地景风貌与人文特色，一方面可以对在地有机产业进行行销推广，另一方面可以学习有机农作栽培方式、体验农村生活以及重建农地价值，以延续农业文化的传承。

植入生态健康与养老产业。随着人们对健康的日益关注，健康产业在我国快速发展。通过建立起生态绿心康养社区的理念，逐步建设乡村康养社区，以健康产业为核心，集健康、旅游、养老养生等多种功能于一体，结合康养、医疗、休闲、旅游、体育等多种业态，构建康养产业综合体。

瑞士特色六级化产业群：

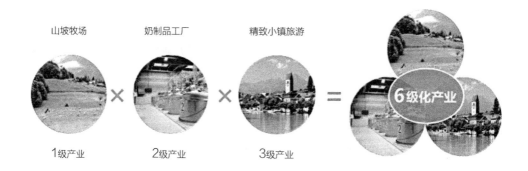

荷兰特色六级化产业群：

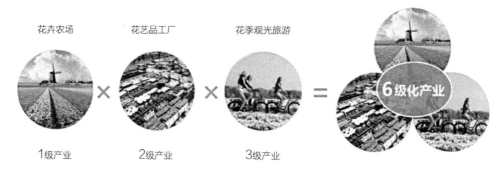

图6-37　国外特色六级化产业群发展示意图
资料来源：中规院（北京）规划设计公司. 莆田生态绿心保护与利用总体规划［Z］. 2018.

6.8.4　统筹推进乡村建设，激发乡村活力

1）减量发展，升级优化

建设规模优化与控制：村庄建设用地不再增加，以2018年卫星图为依据管控村庄建设用地规划。

宅基地管控：严格控制宅基地的审批和新增民宅的建设，民宅建设基本准则要符合《莆田市农村居民住宅建设管理》的规定。

产业腾退与升级：村庄内部工业和小作坊逐步清退，逐步引入旅游和文化休闲产业，打造休闲观光农业。

特色保护与风貌：保护具有特色的荔林水乡总体景观，村庄建筑保留传统民居特色，且与生态绿心的自然环境相协调。

农业业态的升级：打造一批具有观光休闲功能的田园综合体，促进传统农业向休闲农业转型，推动农村产业深度融合发展。

2）分类指导，统筹推进

分类指引：按照国家村庄振兴的要求，结合生态绿心规划的布局与村庄的现状价值和发展条件，实现村庄分类指引与风貌指引（图6-38）。

统筹推进：设置村庄腾退预留区，有序推进村庄改造升级（图6-39）。

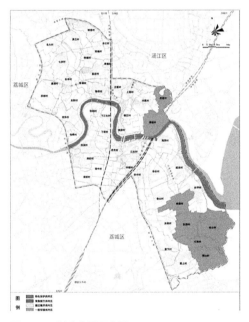

图6-38　村庄分类示意图
资料来源：中规院（北京）规划设计公司. 莆田生态绿心保护与利用总体规划 [Z]. 2018.

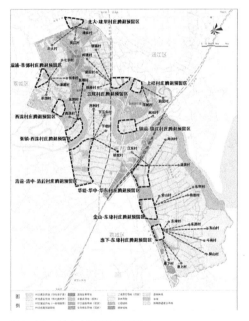

图6-39　村庄安置指引示意图
资料来源：中规院（北京）规划设计公司. 莆田生态绿心保护与利用总体规划 [Z]. 2018.

6.9
管理保障机制完善策略

生态绿心在维系城市防洪安全、调节城市气候、打造城市特色、培育城市休闲旅游、提升城市品质等方面起到了不可替代的作用。对生态绿心的规划管理与空间控制保障了生态绿心有序的可持续发展。生态绿心规划拟从创新管理和空间管控两个层面来指导绿心的未来发展。

为了加强绿心的总体规划管理，保障绿心规划方案的实施，推进绿心空间优化，在对绿心的规划管理过程中，结合自上而下的传统管理模式与自下而上的自主推进模式，服务于绿心规划、建设、管理的全过程，形成整体把控、多方参与、基层反馈的多层级管理保障机制（图6-40）。

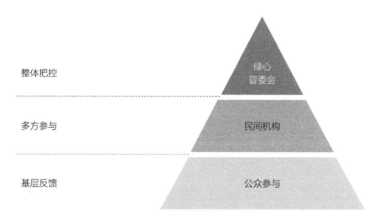

图6-40　生态绿心管理制度结构示意图

6.9.1 成立跨区域生态绿心管理委员会，逐步构建独立管理区

成立莆田生态绿心管理委员会，引入先进管理经验，负责生态绿心的生态环境保护与整治、村居改造、拆迁安置、开发项目引进以及建设执法管理等，统一协调生态绿心保护与发展的各项事务，积极申报省级、国家级风景名胜区。

由于生态绿心的行政区划复杂，需要统一管理与维护，其规划建设管理可以从绿心管理委员会逐步向独立管理区进阶，从而提升和发挥其自治管理水平，形成以独立管理区模式为机制的绿心地区管理模式。

6.9.2 成立多种民间机构，协调推进生态绿心建设

成立多种民间机构对莆田生态绿心内部的建设活动进行协调与推进。例如，村庄复兴改造项目在政府的推动下，成立了由市民和各方面专家组成的改造研究团体、市民委员会等民间机构，保障了项目的高效、科学实施。

6.9.3 加强公众参与程度，多元主体参与绿心规划

提高生态绿心项目运作过程中的公众参与程度，运用调查问卷等方式对公众的意愿进行摸底了解。例如在村庄改造开发前后，绿心管委会组织公众展开问卷调查，以公众需求与意愿为导向指导生态绿心的规划与建设，让公众参与到规划建设的全过程中，切实保障各方利益群体的利益，也促进改造的顺利实施。项目实施后，对项目的实施成效进行追踪调查。

目 本章小结

对于生态绿心的保护虽然已经达成基本共识，但其保护方式与发展情况却不尽如人意，生态绿心长期处于自发和消极的状态，如此面积的乡村水网地区，如此一个承载着莆田水乡和历史文化基因的地区，却面临着村庄无序建设、环境品质下降、基础设施落后、水体污染严重、村庄衰败、文化凋敝等问题，阻碍了生态绿心的发展。虽然当前的保护与发展思路已经确定，但笔者仍不免担心，面对如此复杂的系统工程，可能会因为开发主导的思维和过度的干涉而造成破坏，也担心会因为缺乏信念的坚守，而向商业利益作出妥协和让步。本章通过对生态绿心的实地调查与资料收集，总结了莆田生态绿心的特征与空间演变过程，对其面临的机遇与挑战进行了分析，从生态空间环境、建成环境、历史文化空间、社会文脉、管理保障机制等五个重要方面对"城市双修"理念下的生态绿心规划策略进行分析和研究，找出我国其他生态地区在"城市双修"理念下进行规划的普遍适应性策略，为其他生态地区提供借鉴参考。

第 7 章

结论与展望

7.1
结论

7.1.1 用全局而立体的眼光来看待历史街区的城市设计

"城市双修"理念下的城市设计的本质是在三维的空间环境中解决问题。从整体到局部、从屋顶到路面、从建筑的表皮到内部功能、从区域的交通组织到人性化的步行空间，进行整体的分析和设计。要兼顾街区与周边的风貌肌理的协调，因此，在"城市双修"理念下对历史街区的城市设计意味着要利用三维、立体、全面的视角和眼光来看待街区的问题，而不能仅仅停留在二维的图纸和画面上。历史文化街区的魅力源自于每条街区的个性和特色，都有其独一无二的历史起源和发展历程。因此，对于历史文化街区的城市设计需要对其作出全面、细致的调查分析，从宏观到微观，从表面到内部，从历史变迁、地域特征、民俗风情、风格风貌等方面进行统筹研究，才能奠定好历史街区城市设计的基础，对具体的设计和实施工作提出准确的有针对性的方案。

7.1.2 对建筑、景观、空间等进行有针对性的修补

街区的每一段街道都有其独特的风貌和特色；每一栋建筑的质量、结构、形式、功能都不一样；每一处景观空间公共场所的功能、形态、大小都多种多样。在对历史街区内的这些物质因

素进行修补的时候，必须对症下药，不能一概而论，更不能简单地推倒重建，必须进行有针对性的修复和改造。历史街区道路的修补离不开公共交通及步行空间的完善。与城市的新城区相比，历史街区有自己的劣势，如道路较窄、人行空间较差。因此，在修补理念下的城市设计要大力结合公共交通来进行交通设计，减少机动车对街区的影响，提升行人在街区内的体验感。

7.1.3 历史文化街区的发展应立足长远，有机、持续地发展

中山大道的由盛转衰再到重获新生的发展历程证明了历史街区的发展是动态的。只有始终坚持以人为本的观念，以可持续发展和有机更新理念为指导才能使历史街区获得更加持久的生命力，更好、更长远地可持续发展。"城市双修"理念下的城市设计应该具体项目具体分析，应根据历史街区不同的情况，而运用不用的设计手法。笔者希望通过本书对武汉市中山大道历史街区案例的分析，对"城市双修"理念下的城市设计作出更深刻的研究，然而，由于不同区域的历史街区有其不同的发展背景和特点，中山大道虽可以代表一些共性的"城市双修"方法，但是具体如何实施还是需要进一步对现场进行详细的勘察和调研才能确定。

7.1.4 积极引导街区和建筑功能的置换和提升

历史街区的衰败大多是由其传统功能与当今社会的需求相脱节而引起的。历史街区内受现状街道空间、建筑结构、景观环境等因素的限制，无法满足当代城市的需求，因而导致了各种矛盾的出现。因此，在对历史街区的城市设计中应该在尊重历史文化和街区现状的前提下，根据街区今后在城市发展中的角色和定位，设定适当的发展目标，积极引导街区功能业态的置换和提升，才能使历史街区优质地发展。

7.1.5 生态地区规划需要确保生态保护与城市建设的协调发展

"城市双修"强调保护与发展的同步进行，城市在发展经济与推动建设的同时，不能忽视生态环境容量对于发展的支撑作用，只有城市环境与生态环境互相交融、

渗透，共同改善，城市才能更好地进行建设与发展。生态绿心的保护与规划需要统筹考虑生态与城市利益的关系，两者相辅相成。"城市双修"理念统筹考虑生态与城市的综合效益，在城市发展动力与生态环境容量的关系方面寻求平衡，对生态绿心的空间格局保护与规划起到了积极的作用。通过提出建成环境修补策略，织补生态绿心的交通网络，构建可达性强、体系完整的道路结构；修复村落建筑风貌，治理生态绿心的生态环境，改善人居环境；修补缺失的公共服务设施配套，提高原住民的生活品质。

7.1.6 生态地区文化脉络同样至关重要

通过提出地区激活策略与社会文脉复兴策略，促进生态绿心人口回流，并植入多元的新兴产业，促进产业转型；统筹推进乡村建设，对不同现状的村庄进行分类指引，激发乡村活力。织补生态绿心的文化旅游功能，构建休闲旅游体系，展示生态绿心的景观特色与人文特色；延续和传承历史文化，通过组织多种可参与的民俗活动，增强民俗活动的体验性，促进生态绿心历史与民俗文化的展示与延续。

7.1.7 管理治理体系完善健全可促进生态地区规划建设

"城市双修"理念为城市的内涵式发展与治理提供了新的思路，其新的治理模式与思路对于生态绿心等城乡一体区同样适用。生态绿心的问题复杂多元，需要在保护与规划过程中，尊重历史与环境基础，适度弹性地展开渐进式的修补与修复工作，"城市双修"也提倡多元主体的互助协作，有利于生态绿心治理水平的提升，为生态绿心保护与规划建立完善的管理保障机制。通过提出管理保障机制完善策略，成立绿心管理委员会，并逐步构建生态绿心独立管理区，提升生态绿心地区的治理水平；同时成立多种民间组织，共同协调推进生态绿心的保护与建设；鼓励公众参与，构建多元主体的参与式规划模式，保障各方利益的和谐共存。

7.2
展望

　　虽然"城市双修"理念是目前规划界关注的热点，但是以"城市双修"理念指导历史街区城市设计与生态绿心规划的理论与实践都相对较少。历史街区的发展是一个不断变化的动态过程，城市设计的手法需要随着时代的发展不断变化，生态地区的规划也处在不断的发展与完善之中。由于本书仅对武汉市中山大道历史街区的城市设计与莆田生态绿心规划进行了研究，对"城市双修"理念的应用进行了初步尝试，未来还可以继续深化和扩大"城市双修"理念的应用范围，增强普适性。

　　随着科技的进步，我国城市规划中也出现了许多高科技的设计手段，如智慧城市、VR技术，人工智能、BIM建筑技术等，这些技术对城市设计的实施有积极的作用。在今后的研究中，希望可以对"城市双修"概念进行引申，扩展"双修"理念的适用性；同时，加入更多的定量分析与新技术手段，提高规划的科学性。

参考文献

［1］ 简·雅各布斯. 美国大城市的死与生［M］. 金衡山，译. 北京：译林出版社，2005.

［2］ 埃比尼泽·霍华德. 明日的田园城市［M］. 金经元，译. 北京：商务印书馆，2010.

［3］ 伊利尔·沙里宁. 城市——它的发展、衰败、与未来［M］. 顾启源，译. 北京：中国建筑工业出版社，1986.

［4］ 柯林·罗. 拼贴城市［M］. 童明，译. 北京：中国建筑工业出版社，2003.

［5］ 扬·盖尔. 交往与空间［M］. 何人可，译. 北京：中国建筑工业出版社，2002.

［6］ 西村幸夫. 再造魅力故乡［M］. 王惠君，译. 北京：清华大学出版社，2007.

［7］ 李其荣. 城市规划与历史文化保护［M］. 南京：东南大学出版社，2003.

［8］ 中国城市规划设计研究院. 催化与转型："城市修补、生态修复"的理论与实践［M］. 北京：中国建筑工业出版社，2016.

［9］ 吴志强，李德生. 城市规划原理［M］. 4版. 北京：中国建筑工业出版社，2010.

［10］ 吴良镛. 中国人居史［M］. 北京：中国建筑工业出版社，2014：9，130-320.

［11］ 阳建强，吴明伟. 现代城市更新［M］. 南京：东南大学出版社，2000.

［12］ 张杰. 中国古代空间文化溯源［M］. 北京：清华大学出版社，2012：87.

［13］ 何梅，汪云，等. 特大城市生态空间体系规划与管控研究［M］. 北京：中国建筑工业出版，2010.

［14］ 芦原义信. 街道的美学［M］. 北京：百花文艺出版社，2006.

［15］ 凯文·林奇. 城市意象［M］. 北京：华夏出版社，2001.

［16］ 李传义，张复合. 中国近代建筑总览·武汉篇［M］. 北京：中国建筑工业出版社，1992.

［17］ 冯天瑜，陈锋. 武汉现代化进程研究［M］. 武汉：武汉大学出版社，2002.

［18］ 田银生，刘韶军. 建筑设计与城市空间［M］. 天津：天津大学出版社，2000.

［19］ 罗小未. 上海老虹口北部昨天、今天、明天的保护更新与发展规划研究［M］. 上海：同济大学出版社，2001.

［20］ 皮明麻. 近代武汉城市史［M］. 北京，中国社会科学出版社，1993.

［21］ 阮仪三，刘浩. 姑苏新续——苏州古城的保护与更新［M］. 北京：中国建筑工业出版

社，2005.

[22] 洪亮平. 城市设计历程 [M]. 北京：中国建筑工业出版社，2002.

[23] 吴良镛. 北京旧城与菊儿胡同 [M]. 北京：中国建筑工业出版社，1994.

[24] 斯皮罗·科斯托夫. 城市的形成——历史进程中城市模式和城市意义 [M]. 北京：中国建筑工业出版社，2005.

[25] 万勇. 旧城的和谐更新 [M]. 北京：中国建筑工业出版社，2006.

[26] 麦克切尔，克罗斯. 文化旅游与文化遗产管理 [M]. 天津：南开大学出版社，2006.

[27] 西村幸夫. 历史街区研究会. 城市风景规划：欧美景观控制方法与实务 [M]. 上海：上海科学技术出版社，2005.

[28] 大野隆造，小林美纪. 人的城市：安全舒适的环境设计 [M]. 余漾，尹庆，译. 北京：中国建筑工业出版社，2015.

[29] 史蒂文·蒂尔斯德尔. 城市历史街区的复兴 [M]. 北京：中国建筑工业出版社，2006.

[30] 王景慧，阮仪三，王林. 历史文化名城保护理论与规划 [M]. 上海：同济大学出版社，1998.

[31] 万勇. 旧城的和谐更新 [M]. 北京：中国建筑工业出版社，2006.

[32] 方可. 当代北京旧城更新——调查·研究·探索 [M]. 北京：中国建筑工业出版社，2000.

[33] 李其荣. 城市规划与历史文化保护 [M]. 南京：东南大学出版社，2003.

[34] 贝纳德. 城市设计导论 [M]. 北京：中国建筑工业出版社，1970.

[35] 黑川纪章. 黑川纪章——城市设计的思想与手法 [M]. 北京：中国建筑工业出版社，2004.

[36] 魏闽. 复兴"义品村"——上海历史街区整体性保护研究 [M]. 南京：东南大学出版社，2008.

[37] KRIKEN J L. 城市营造——21世纪城市设计的九项原则 [M]. 南京：江苏人民出版社，2013.

[38] COUCH C. Urban renewal: theory and practice [M]. London: Macmillan, 1990.

[39] SHORT J R. Housing in Britain: the post-war experience [M]. London: Methuen, 1982: 36-37.

[40] YANITSKY O. The city and ecology [M]. Moskow: Nanka, 1987.

[41] JACOBS J. The death and life of great American cities [M]. New York: Random House, 1965.

[42] WHYTE W H. The social life of small urban spaces [M]. Washington D.C.: The Conservation Foundation, 1980.

[43] ALEXANDER C. A new theory of urban design [M]. New York: Oxford University Press,

1987.

［44］ 宋盈. 城市化进程中历史街区保护与利用方法研究——以历史文化名城长沙为例［D］. 长沙：湖南大学，2003.

［45］ 刘军华. 历史街区的可持续性更新研究［D］. 武汉：武汉大学，2005.

［46］ 李谷兰. 武汉历史街区保护与更新的模式研究［D］. 武汉：武汉大学，2005.

［47］ 杨桂荣. 历史街区旅游开发模式研究——以平江历史街区为例［D］. 上海：同济大学，2006.

［48］ 刘娴. 城市历史街区保护性更新规划探析——以太原市南华门历史街区为例［D］. 武汉：华中科技大学，2010.

［49］ 梁菁. 基于社区营造视角下的台湾历史街区保存与复兴研究——以台北大稻埕历史文化街区为例［D］. 广州：华南理工大学，2015.

［50］ 姚圣. 中国广州和英国伯明翰历史街区形态的比较研究［D］. 广州：华南理工大学，2013.

［51］ 周可斌. 广州西关地区特色街道保护的规划控制研究［D］. 广州：华南理工大学，2010.

［52］ 段莹. 武汉市旧城更新过程特征及时序控制研究［D］. 武汉：华中科技大学，2008.

［53］ 徐晓曦. "城市修补"理念下特色小城镇旅游适应性更新研究［D］. 南京：东南大学，2017.

［54］ 王法成. 绿心环形城市及其规划与引导方法研究［D］. 重庆：重庆大学，2006.

［55］ 颜斌. 济宁曲阜都市区绿心生态湿地系统规划研究［D］. 青岛：青岛理工大学，2011.

［56］ 黄田. 数字化技术在长株潭绿心生态规划中的应用研究［D］. 长沙：湖南农业大学，2011.

［57］ 于颖泽. 闽南侨乡传统宗族聚落空间结构研究［D］. 厦门：华侨大学，2017.

［58］ 李小舟. EI理论视角下的区域性生态绿心规划研究［D］. 合肥：安徽建筑大学，2014.

［59］ 汤恒. 基于"城市双修"理念的独立工矿区转型规划策略研究［D］. 北京：北京建筑大学，2018.

［60］ 刘凌燕. 基于生态绿心理念的梓山湖公园景观规划［D］. 长沙：中南林业科技大学，2011.

［61］ 朱春玉. 生态城市理念与城市规划法律制度的变革［D］. 青岛：中国海洋大学，2006.

［62］ 徐晓曦. "城市修补"理念下特色小城镇旅游适应性更新研究——以宁波市郭江镇中心镇区城市设计为例［D］. 南京：东南大学，2016.

［63］ 王淇. 旧城改造模式与运行机制研究［D］. 重庆：重庆大学，2007.

［64］ 拜荔州. 基于"城市双修"理念的安康东关片区更新规划策略研究［D］. 西安：长安大学，2017.

［65］ 王毅. 南京城市空间营造研究［D］. 武汉：武汉大学，2010.

［66］ 滕琦. 基于保护性利用理念的生态绿心规划探讨［D］. 重庆：西南大学，2014.

［67］ 徐晓曦. "城市修补"理念下特色小城镇旅游适应性更新研究［D］. 南京：东南大学，
2016.

［68］ 杨灏. "城市双修"视角下矿业废弃地再生规划研究［D］. 北京：中国矿业大学，2018.

［69］ 徐军. 基于 BIM 的绿色城市空间形态研究［D］. 石家庄：河北工业大学，2013.

［70］ 陈明，孟勇，戴菲，等. 生态修复背景下生态绿心规划策略研究——以武汉东湖绿心
为例［J］. 中国园林，2018，34（8）：5-11.

［71］ 王景慧. 历史地段保护的概念和做法［J］. 城市规划，1998（3）：43-45.

［72］ 倪敏东. "城市双修"理念下的生态地区城市设计策略——以宁波小浃江片区为例［J］.
规划师论坛，2017（3）：31-36.

［73］ 吴凯晴. "过渡态"下的"自上而下"城市修补——以广州恩宁路永庆坊为例［J］. 城
市规划学刊，2017（4）：56-64.

［74］ 张晓云，范婷婷，殷健，等. 基于城市修补理念的工业遗产保护与利用探索——以铁
西区卫工明渠沿线规划与实践为例［J］. 城市规划，2016（SI）：70-74.

［75］ 阮仪三，孙萌. 我国历史街区保护与规划的若干问题研究［J］. 城市规划，2001（10）：
25-32.

［76］ 王月，葛晓申. "美丽天津"：历史文化街区活力复兴初探——以"五大道"地区为例
［J］. 建筑与文化，2016（8）：152-153.

［77］ 耿慧志. 大都市中心区更新的理念与现实对策［J］. 城市问题，2000（2）：6-9.

［78］ DIX G，心广. 空间，秩序与建筑——城市设计的几个方面［J］. 国外城市规划，1990
（2）：2-7.

［79］ 王骏，王林. 历史街区的持续整治［J］. 城市规划汇刊，1997（3）：43-45.

［80］ 杨明，过秀成，於昊，等. 老城区交通特征、问题解析与改善对策初探［J］. 现代城市
研究，2012（4）：84-88.

［81］ 王雨村. 从"桐芳巷"到"新天地"——谈苏州历史街区保护对策［J］. 规划师，2003
（6）：20-23.

［82］ 黄文炜，魏清泉，李开宇. 老城旧住区更新发展机制探讨［J］. 现代城市研究，2007
（12）：10-17.

［83］ 周向频，唐静云. 历史街区的商业开发模式及其规划方法研究［J］. 城市规划学刊，
2009（5）：107-113.

［84］ 何依. 后现代视角下的旧城空间更新［J］. 城市规划学刊，2008（2）：99-103.

［85］ 严铮. 对城市更新中历史街区保护问题的几点思考——多元化的历史街区保护方法初
探［J］. 城市，2004（4）：41-42.

［86］ 董雷，孙宝芸. 城市更新中历史街区的功能置换［J］. 沈阳建筑大学学报（社会科学版），2007（4）：138-142.

［87］ 李志刚. 杨明，过秀成，等. 老城区交通特征、问题解析与改善对策初探［J］. 现代城市研究，2012（4）：84-88.

［88］ 桂晓峰. 历史文化街区历史建筑的保护与整治研究［J］. 建筑学报，2010（S2）：60-65.

［89］ 李玉堂，曾真. 租界之于武汉［J］. 华中建筑，2010，28（7）：7-9.

［90］ 刘虹弦. 武汉历史文化街区的开发与保护［J］. 武汉科技学院学报，2004，17（5）：12-14.

［91］ 王颂娅. 武汉城市商业空间的场所营造——对比研究武汉天地与楚河汉街［J］. 建筑与文化，2015（6）：157-158.

［92］ 胡颖. 武汉租界老建筑改造设计策略探索——以潞安里1号为例［J］. 大众文艺，2015（24）：92-92.

［93］ 蒋正良. 历史街区保护更新规划探讨——以青岛中山路区域保护更新改造总体规划为例［J］. 规划师，2015（7）：110-116.

［94］ 周利，徐飞鹏. 青岛中山路商业街历史建筑保护性改造设计［J］. 青岛理工大学学报，2016（5）：60-64.

［95］ 杨新海. 历史街区的基本特性及其保护原则［J］. 人文地理，2005（5）：48-50.

［96］ 黄勇，石亚灵. 国内外历史街区保护更新规划与实践评述及启示［J］. 规划师，2015（4）：98-104.

［97］ 郭汝，邢燕，刘宁斌. 中国旧城更新发展研究［J］. 西安建筑科技大学学报：社会科学版，2010（3）：61-64.

［98］ 申绍杰. 批评的反省和辨析——千城一面再认识［J］. 建筑学报，2013（6）：96-98.

［99］ 杨戌标. 现代城市发展中历史街区的保护与复兴——杭州河坊街保护的实践与研究［J］. 城市规划，2004（8）：60-64.

［100］ 武联，沈丹. 历史街区的有机更新与活力复兴研究——以青海同仁民主上街历史街区保护规划为例［J］. 城市发展研究，2007（2）：110-114.

［101］ 黄瑛，张伟. 浅议产权归属与南京民国居住建筑的保护——以颐和路地区为例［J］. 城市规划，2009（9）：58-63.

［102］ 钱亚妍. 谈塑造城市历史街区文化的"活性"——以天津五大道历史街区为例［J］. 现代城市研究，2012（10）：20-26.

［103］ 林林，阮仪三. 苏州古城平江历史街区保护规划与实践［J］. 城市规划学刊，2006（3）：45-51.

［104］ 尹海洁，王雪洋. 城市历史街区改造中的"文化之殇"——以哈尔滨市道外历史街区为例［J］. 现代城市研究，2014（6）：22-30.

[105] 吴晨. 城市复兴的理论探索 [J]. 世界建筑, 2002 (12): 72-78.

[106] 冈田新一. 从函馆西部历史地区修复项目看城市的复兴 [J]. 时代建筑, 2001 (4): 60-63.

[107] 文国玮. 整治与更新净化与进化——谈当前旧城改造 [J]. 规划师, 1999 (3): 105-108.

[108] 张锦东. 国外历史街区保护利用研究回顾与启示 [J]. 中华建设, 2013 (10): 71-74.

[109] 李志刚. 谷城历史街区保护规划研究 [J]. 城市规划, 2001 (10): 41-45

[110] 徐钰清, 黎莎莎. 历史街区商业开发中的环境更新与整治——以武汉天地商业步行街为例 [J]. 华中建筑, 2012 (8): 100-103.

[111] 项秉仁, 祁涛. 杭州市中山中路历史街区城市设计 [J]. 城市规划学刊, 2009 (2): 89-95.

[112] 李勤, 杨豪中. 德国历史街区保护更新的借鉴意义 [J]. 北京建筑工程学院学报, 2010 (4): 37-40, 60.

[113] 阮仪三. 历史街区的保护及规划 [J]. 城市规划汇刊, 2000 (2): 46-47.

[114] 张松. 历史城镇保护的目的与方法初探: 以世界文化遗产平遥古城为例 [J]. 城市规划, 1999 (7): 50-53.

[115] 宋昆, 李倩玫. 历史地段保护与天津老城区更新改造问题 [J]. 建筑师, 1996, 73: 50-56

[116] 阳建强. 中国城市更新的现况, 特征及趋向 [J]. 城市规划, 2000, 24 (4): 53-55.

[117] 王建国. "城市再生" 与城市设计 [J]. 城市建筑, 2009 (2): 3-3.

[118] 何依, 邓巍. 历史街区建筑肌理的原型与类型研究 [J]. 城市规划, 2014 (8): 57-62.

[119] 赵士修. 城市特色与城市设计 [J]. 城市规划, 1998, 22 (4): 55-56.

[120] 叶齐茂. 如今我们怎样建造城市——对Christoph Kohl的采访 [J]. 国外城市规划, 2004 (6): 66-69.

[121] 吴良镛. 历史文化名城的规划结构、旧城更新与城市设计 [J]. 城市规划, 1983 (6): 2-12.

[122] 袁琳. 荷兰兰斯塔德 "绿心战略" 60年发展中的争论与共识——兼论对当代中国的启示 [J]. 国际城市规划, 2015, 30 (6): 50-56.

[123] 刘滨谊, 姜允芳. 论中国城市绿地系统规划的误区与对策 [J]. 城市规划, 2002 (2): 76-80.

[124] 郭巍, 侯晓蕾. 生态绿心若干特性探讨 [J]. 中国园林, 2010, 26 (10): 1-5.

[125] 刘凌燕, 胡希军, 陈存友, 等. 生态绿心概念探析 [J]. 中南林业科技大学学报 (社会科学版), 2011, 5 (1): 97-100.

[126] 童培浩. 对生态绿心的探讨 [J]. 现代农业科技, 2011 (4): 229-230.

［127］刘思华，罗杨，肖英. 长株潭"绿心"的生态价值研究［J］. 湖南社会科学，2011（5）：125-127.

［128］李果，王百田. 区域生态修复的空间规划方法探讨［J］. 水土保持研究，2007（6）：284-288.

［129］田燕，黄焕. 城市滨水工业地带的复兴——巴黎左岸计划与武汉龟北区规划之对比［J］. 华中建筑，2008，26（11）：188-191.

［130］饶戎. 城市生态规划应用于生态修复设计的研究——以北京南海子郊野公园为例［J］. 城市规划，2011，35（S1）：16-20.

［131］蔡新冬，赵天宇，张伶伶. "修补"城市——哈尔滨市博物馆广场区域改造设计［J］. 城市规划，2006（12）：93-96.

［132］萧百兴. 地域归真的语境编织：石碇小镇历史空间参与设计的修补式实践［J］. 温州大学学报（社会科学版），2011，24（3）：62-75.

［133］李戎，李静. 用景观的缝合性修补老城被割裂的时间与空间——对汉口老城区景观改造的建议［J］. 华中建筑，2013，31（3）：50-52.

［134］毛利伟，陈又萍. 城乡规划中公众参与的探讨［J］. 城市建筑，2014（4）：45.

［135］郑振满. 国际化与地方化：近代闽南侨乡的社会文化变迁［J］. 近代史研究，2010（2）：62-75，3.

［136］郑振满. 神庙祭典与社区发展模式——莆田江口平原的例证［J］. 史林，1995（1）：33-47，111.

［137］魏阿妮，刘源，任贵. 共享发展理念下的城市生态地区规划路径初探——以莆田市生态绿心为例［C］// 中国城市规划学会. 共享与品质——2018中国城市规划年会论文集（08城市生态规划），2018.

［138］张衔春，龙迪，边防. 兰斯塔德"绿心"保护：区域协调建构与空间规划创新［J］. 国际城市规划，2015，30（5）：57-65.

［139］DIAMOND J. The worst mistake in the history of the human race［J］. Discover，1987，8（5）：64-66.

［140］PAUST J J. The complex nature，sources and evidences of customary human rights［J］. Social Science Electronic Publishing，1996，25：147-164.

［141］EGAN P A. Lonergan on Newman's conversion［J］. The Heythrop Journal，2010，37（4）：437-455.

［142］WHILE A. The state and the controversial demands of cultural built heritage：modernism，dirty concrete，and postwar listing in England［J］. Environment and Planning B：Planning and Design，2007，34：645-663.

［143］ANDERSON M B. "Non-White" gentrification in Chicago's Bronzeville and Pilsen：racial

economy and the intraurban contingency of urban redevelopment [J]. Urban Affairs
Review, 2013, 49: 435-467.

[144] HOLDEN M. Justification, compromise and test: developing a pragmatic sociology of critique
to understand the outcomes of urban redevelopment [J]. Planning Theory, 2015, 14:
360-383.

[145] 武汉市规划研究院. 中山大道综合整治规划 [Z]. 2016.

[146] 中规院（北京）规划设计公司. 莆田生态绿心保护与利用总体规划 [Z]. 2018.

[147] 湖南省建筑设计院有限公司. 长株潭城市群生态绿心地区总体规划（2010—2030 年）
[Z]. 2014.

[148] 中国城市规划设计研究院. 台州市绿心空间规划研究 [Z]. 2005.

[149] 武汉市国土资源和规划局. 武汉东湖绿道系统规划 [Z]. 2015.

[150] 武汉市土地利用和城市空间规划研究中心. 中山大道景观提升规划 [Z]. 2014.

[151] 武汉市国土资源和规划局. 武汉中山大道综合整治规划交通专项 [Z]. 2015.

[152] 中国城市规划设计研究院. 莆田市海绵城市专项规划 [Z]. 2017.